高职高专"十三五"建筑及工程管理类专业系列规划教材
"互联网+"创新教育教材

BIM创新创业

主　编　张　喆
副主编　李艳玲　张玉洁

U0282159

西安交通大学出版社
XI'AN JIAOTONG UNIVERSITY PRESS
国家一级出版社
全国百佳图书出版单位

内 容 提 要

　　本书分为八个模块，其中：模块1~2主要介绍了BIM、创新创业的基本理论，包括大学生BIM创新创业概述、BIM概述；模块3~5主要介绍了BIM在土木工程不同领域、不同阶段的应用，包括在决策与设计阶段、施工阶段、运维阶段的应用；模块6介绍了土建类竞赛理论方案及竞赛技能；模块7~8介绍了创业机会与创业风险以及新创企业。本书在每个模块都附有相关案例，增加趣味性与生动性。

　　本书可作为高职高专院校土建类专业建筑信息化相关课程的教材，也可供相关专业的工程技术人员参考使用。

前 言

2015年5月,国务院办公厅印发《关于深化高等学校创新创业教育改革的实施意见》,全面部署深化高校创新创业教育改革工作。在大学生中开展创新创业教育,不仅能使大学生在就业的过程中具备更强的竞争能力,而且促使了大学生自身创新能力的提高。BIM自进入我国土木工程领域以来已经经过多年的发展,从2011年的《2011—2015年建筑业信息化发展纲要》到2016年的《住房城乡建设事业"十三五"规划纲要》和《2016—2020年建筑业信息化发展纲要》,从BIM国家标准到地方标准的相继出台,BIM已经进入了一个飞速发展的阶段,给整个土木工程领域带来了不可避免的变革。然而,在BIM技术成为建筑业大势所趋的今天,我们也发现BIM人才的缺乏是制约其发展的重要因素之一。因此,为了适应行业对BIM人才的需要,提高大学生BIM创新创业能力与管理能力,我们组织编写了本书,作为BIM创新创业系列教材之一,通过大量的工程实例深入浅出地向读者介绍BIM的基本理论、BIM在工程项目不同阶段的应用、BIM与创新创业的结合。

本书分为八个模块,其中:模块1～2主要介绍了BIM、创新创业的基本理论,包括大学生BIM创新创业概述、BIM概述;模块3～5主要介绍了BIM在土木工程不同领域、不同阶段的应用,包括在决策与设计阶段、施工阶段、运维阶段的应用;模块6介绍了土建类竞赛理论方案及竞赛技能;模块7～8介绍了创业机会与创业风险以及新创企业。本书在每个模块都附有相关案例,增加趣味性与生动性。

本书由陕西工业职业技术学院张喆担任主编,李艳玲、张玉洁担任副主编,宋祥、安冬、陈强、李嘉仪、王飞龙、许天航参编。具体编写分工如下:模块1由陈强、王飞龙编写,模块2、3由李嘉仪、安冬编写,模块4由张喆编写,模块5由张玉洁编写,模块6、7由陈强、许天航编写,模块8及书中案例由宋祥、李艳玲编写。本书编写得到了陕西建工第六建设集团有限公司BIM中心赵华龙工程师的大力支持。

全书由张喆统稿，由杨谦、李云审定，感谢各位的辛勤付出及各位同仁的大力支持。

本书可作为高职高专院校土建类专业建筑信息化相关课程的教材，也可供相关专业的工程技术人员参考使用。

由于编者水平有限，书中不妥之处在所难免，恳请广大读者批评指正。

编者
2018 年 5 月

目录

模块 1

大学生 BIM 创新创业概述

1.1 大学生 BIM 创新创业概念及意义

➤ 1.1.1 BIM 创新创业的相关概念

1. BIM 的概念

目前,国内外关于 BIM 的定义或解释有多种版本,现介绍几种常用的 BIM 定义。

McGraw Hill(麦克格劳-希尔)集团在 2009 年的一份 BIM 市场报告中将 BIM 定义为:"BIM 是利用数字模型对项目进行设计、施工和运营的过程。"

美国国家 BIM 标准(NBIMS)对 BIM 的含义进行了四个层面的解释:"BIM 是一个设施(建设项目)物理和功能特性的数字表达;一个共享的知识资源;一个分享有关这个设施的信息,为该设施从概念到拆除的全生命周期中的所有决策提供可靠依据的过程;在项目不同阶段,不同利益相关方通过在 BIM 中插入、提取、更新和修改信息,以支持和反映其各自职责的协同作业。"

国际标准组织设施信息委员会(Facilities Information Council)将 BIM 定义为:"BIM 是利用开放的行业标准,对设施的物理和功能特性及其相关的项目生命周期信息进行数字化形式的表现,从而为项目决策提供支持,有利于更好地实现项目的价值。"在其补充说明中强调,BIM 将所有的相关方面集成在一个连贯有序的数据组织中,相关的应用软件在被许可的情况下可以获取、修改或增加数据,如图 1-1 所示。

根据以上几种对 BIM 的定义、相关文献及资料,可将 BIM 的含义总结为:

(1)BIM 是以三维数字技术为基础,集成了建筑工程项目各种相关信息的工程数据模型,是对工程项目设施实体与功能特性的数字化表达。

(2)BIM 是一个完善的信息模型,能够连接建筑项目生命期不同阶段的数据、过程和资源,是对工程对象的完整描述,提供可自动计算、查询、组合拆分的实时工程数据,可被建设项目各参与方普遍使用。

(3)BIM 具有单一工程数据源,可解决分布式、异构工程数据之间的一致性和全局共享问题,支持建设项目生命期中动态的工程信息创建、管理和共享,是项目实时的共享数据平台。

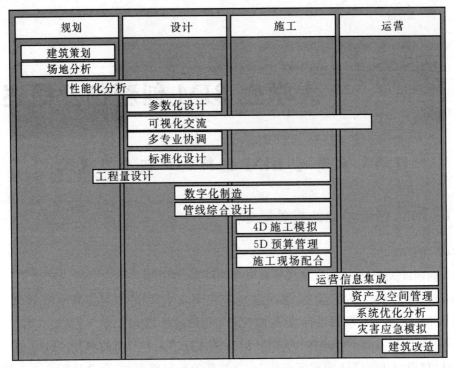

图 1-1 BIM 在建筑全生命周期中的应用

2.创新的概念

创新,是指以现有的思维模式提出有别于常规或常人思路的见解为导向,利用现有的知识和物质,在特定的环境中,本着理想化需要或为满足社会需求,而改进或创造新的事物、方法、元素、路径、环境,并能获得一定有益效果的行为。

创新,是人类特有的认识能力和实践能力,是人类主观能动性的高级表现,是推动民族进步和社会发展的不竭动力。一个民族要想走在时代前列,就一刻也不能没有创新思维,一刻也不能停止各种创新。创新在经济、技术、社会学以及建筑学等领域的研究中举足轻重。

在西方,创新概念的起源可追溯到 1912 年美籍经济学家熊彼特的《经济发展概论》。熊彼特在其著作中提出:创新是指把一种新的生产要素和生产条件的"新结合"引入生产体系。它包括五种情况:引入一种新产品,引入一种新的生产方法,开辟一个新的市场,获得原材料或半成品的一种新的供应来源,新的组织形式。熊彼特的创新概念包含的范围很广,如涉及技术性变化的创新及非技术性变化的组织创新。

到 20 世纪 60 年代,随着新技术革命的迅猛发展,美国经济学家华尔特·罗斯托提出了"起飞"六阶段理论,将"创新"的概念发展为"技术创新",把"技术创新"提高到"创新"的主导地位。

著名学者弗里曼把创新对象基本上限定为规范化的重要创新。他从经济学的角度考虑创新。他认为,技术创新在经济学上的意义只是包括新产品、新过程、新系统和新装备等形式在内的技术向商业化实现的首次转化。他在 1973 年发表的《工业创新中的成功与失败研究》中认为,"技术创新是一技术的、工艺的和商业化的全过程,其导致新产品的市场实现和新技术工艺与装备的商业化应用"。其后,他在 1982 年的《工业创新经济学》修订本中明确指出,技术创新就是指新产品、新过程、新系统和新服务的首次商业性转化。

中国自20世纪80年代以来开展了技术创新方面的研究。傅家骥先生对技术创新的定义是：企业家抓住市场的潜在盈利机会，以获取商业利益为目标，重新组织生产条件和要素，建立起效能更强、效率更高和费用更低的生产经营方法，从而推出新的产品、新的生产（工艺）方法、开辟新的市场，获得新的原材料或半成品供给来源或建立企业新的组织，它包括科技、组织、商业和金融等一系列活动的综合过程。此定义是从企业的角度给出的。彭玉冰、白国红也从企业的角度为技术创新下了定义："企业技术创新是企业家对生产要素、生产条件、生产组织进行重新组合，以建立效能更好、效率更高的新生产体系，获得更大利润的过程。"

进入21世纪，信息技术推动下知识社会的形成及其对技术创新的影响进一步被认识，科学界进一步反思对创新的认识：技术创新是一个科技、经济一体化过程，是技术进步与应用创新"双螺旋结构"共同作用催生的产物。知识社会条件下以需求为导向、以人为本的创新2.0模式进一步得到关注。宋刚等在《复杂性科学视野下的科技创新》一文中通过对科技创新复杂性分析以及AIP应用创新园区的案例剖析，指出：技术创新是各创新主体、创新要素交互复杂作用下的一种复杂涌现现象，是技术进步与应用创新的"双螺旋结构"共同演进的产物；信息通信技术的融合与发展推动了社会形态的变革，催生了知识社会，使得传统的实验室边界逐步"融化"，进一步推动了科技创新模式的嬗变；要完善科技创新体系急需构建以用户为中心、以需求为驱动、以社会实践为舞台的共同创新、开放创新的应用创新平台，通过创新"双螺旋结构"的呼应与互动形成有利于创新涌现的创新生态，打造以人为本的创新2.0模式。

人类所做的一切事物都存在创新，创新遍布人类的方方面面，如观念、知识、技术的创新，政治、经济、商业、艺术的创新，工作、生活、学习、娱乐、衣、食、住、行、通信等领域的创造创新，而不仅仅是技术领域的事情，尽管技术创新对人类的生产生活有决定性意义。何道谊认为事物创新-仿复模型具有普遍适用性，在这一模型下生产力由学习能力、创新能力和仿复能力决定，生产力公式为：生产力＝（学习能力＋创新能力）×仿复能力。仿复能力指仿照一定的模式进行复制、复做的能力，如企业的年生产能力、年服务接待人次能力。何道谊在《技术创新、商业创新、企业创新与全方面创新》中提出并论述了全方面创新和大研发概念。企业全方面创新，分为：①作为构成企业有机体的软系统的创新，包括战略创新、模式创新、流程创新、标准创新、观念创新、风气创新、结构创新、制度创新；②作为企业不可或缺的基本要素的硬系统的创新，即人、财、物、技术、信息及其相关体系和管理的创新，如职责体系、权力体系、绩效评估体系、利益报酬体系、沟通体系的创新；③通用管理职能的创新，包括目标、计划、实行、检馈、控制、调整六个基本的过程管理职能的创新和人力、组织、领导三个基本的对人管理职能的创新；④企业业务职能的创新，如技术、设计、生产、采购、物流、营销、销售、人力、财务等专业业务职能的创新。由于科技的普遍适用性、连续进步的显著性和发展的长期累积性，科技创新是推动人类进步的根本性驱动力，所以研发通常指技术研发。研发是创新成模的过程，研发功能是专门从事创新的功能。企业创新不仅仅是产品技术的创新而是各个方面的创新，那么，企业的研发也不仅仅是产品技术的研发，而是涵盖各个方面。

3.创业的概念

创业是创业者对自己拥有的资源或通过努力对能够拥有的资源进行优化整合，从而创造出更大经济或社会价值的过程。创业是一种劳动方式，是一种需要创业者运营、组织、运用服务、技术、器物作业的思考、推理和判断的行为。杰夫里·提蒙斯（Jeffry A. Timmons）所著的创业教育领域的经典教科书《创业创造》（*New Venture Creation*）对创业的定义：创业是一种思考、推理结合运气的行为方式,它为运气带来的机会所驱动,需要在方法上全盘考虑并拥有和谐的领导能力。

作为一个商业领域,创业以点滴成就、点滴喜悦致力于理解创造新事物(新产品,新市场,新生产过程或原材料,组织现有技术的新方法)的机会,如何出现并被特定个体发现或创造,这些人如何运用各种方法去利用和开发它们,然后产生各种结果。

创业管理反映了创业视角的战略管理观点。Stevenson 和 Jarillo 于 1990 年提出创业学和战略管理的交叉,他们使用"创业管理"这个词以示二者的融合,提供了一个从创业视角概括战略管理和一般管理的研究框架,创业是战略管理的核心。

如 W. B. Cartner(1985)提出了个人、组织、创立过程和环境的创业管理模式;William (1997)在 Cartner 概念框架的基础上,提出了由人、机会、环境、风险和报酬等要素构成的创业管理概念框架;Timmons(1999)提出了机会、创业团队和资源的创业管理理论模型;Christian (2000)提出了创业家与新事业之间的互动模型,强调创立新事业随时间而变化的创业流程管理和影响创业活动的外部环境网络是创业管理的核心。

基于创业管理研究领域专家、学者的研究成果,创业管理范式可以概括为:以环境的动态性与不确定性以及环境要素的复杂性与异质性为假设,以发现和识别机会为起点,以创新、超前行动、勇于承担风险和团队合作等为主要特征,以创造新事业的活动为研究对象,以研究不同层次事业的成功为主要内容,以心理学、经济学、管理学和社会学方法为工具研究创业活动内在规律的学说体系。

创业管理的核心问题是机会导向、动态性等。所谓机会导向,即指创业是在不局限于所拥有资源的前提下,识别机会、利用机会、开发机会并产生经济成果的行为,或者将好的创意迅速变成现实。而创业的动态性,一方面即创业精神是连续的,创业行为会随着企业的成长而延续,并得以强化;另一方面即机会发现和利用是动态过程。

创业管理是一个系统的组合,并非某一因素起作用就能导致企业的成功。决定持续创业成功的系统必然包括创新活力、冒险精神、执行能力以及团队精神等。通过这样的系统来把握机会、环境、资源和团队。创业管理的根本特征在于创新,创新并不一定是发明创造,而更多是对已有技术和因素的重新组合;创业并不是无限制地冒险,而是理性地控制风险;创业管理若没有一套有效的成本控制措施以及强有力的执行方案,只能导致竞争力的缺失;创业管理更强调团队中不同层级员工的创业,而不是单打独斗式的创业。

➤ 1.1.2　BIM 创新创业的意义

近年来,随着高等院校的不断扩招,高校毕业生数量呈现大幅度增长。大学生就业压力不断增大,高校毕业生待业现象开始呈现,而且有逐年上升的趋势。据统计,2009 年全国毕业生达到了 610 万人,全国高校毕业生的平均就业率为 87.4%。2010 年全国普通高校毕业生总数超过了 630 万人,而社会新增就业岗位在 900 万个左右,普通高校毕业生人数超过社会新增就业岗位的半数。严峻的就业现实对高等教育提出了更高的要求,转变大学生毕业到社会上寻求工作岗位的就业观念,树立自主创业观念,引导毕业生自己创业,显得具有十分重要的意义。然而在我国即将毕业的大学生中,很少有人把创业作为一种理想的职业来选择。根据统计,大学生毕业后,有过创业冲动的不少,但真正创业的人却不多。调查显示,就业、考研依然是大学生毕业后的首要选择。许多大学生的自主创业,往往是就业压力下的被动选择,这种消极的选择也是制约大学生自主创业的重要因素。从目前大学生创业项目的选择来看，技术含量往往不高，未能体现大学生的专业优势。另一方面，有关专家认为，大学生具有不可思议的创新力和创造力，有很大一部分大学生具备创业的潜能，只要正确引导，再通过一定的实践，他们就能成就一定的事业。事实上，已经有一些创业的大学生取得了不错的创业业绩。这些毕业生把握住了机会，从"挣得人生中的第一桶金"做起，成功地利用了自己专业的优势结合社会行业的特点实现了创业的梦想。因此，高校必须深化改革人才培养模式，纠正传统的"就业教育"——读书就是为了考试、找工作的读书观。引入"创业教育"，积极鼓励倡导大学生创新创业，确立以培养创业基本素质为核心的教育观。以创业带动就业，有利于大学生将自我价值与社会价值统一起来，为社会做出更多的贡献。

创新创业是基于技术创新、产品创新、品牌创新、服务创新、商业模式创新、管理创新、组织创新、市场创新、渠道创新等方面的某一点或几点创新而进行的创业活动。创新是创新创业的特质，创业是创新创业的目标。"创新创业"一直是中央政府关注的重点。

创新创业教育起源于美国等发达国家，共经历了三个发展阶段——起步、发展和成熟阶段。在不同的发展阶段，创新创业教育的侧重点不一样。在起步阶段，它主要是以传授创业知识为主要内容、以课堂教学为主；在发展阶段，它主要是以培养学生的综合能力为主；成熟阶段，它则转而注重培养学生的事业心和开拓精神。在长期的发展历程中，它也形成了三种教育模式：以课堂教育为主的专业化教育模式；高校、企业、社会相结合的合作教育模式；通过创业竞赛和创业项目形成的大学生创业教育模式。相比较国外，我国的创新创业教育起步晚、发展慢，因此借鉴国外的相关教育模式显得尤为必要。

大学生的创业能力有利于解决大学生就业难的问题。创业能力是一个人在创业实践活动中的自我生存、自我发展的能力。一个创业能力很强的大学毕业生不但不会成为社会的就业压力，相反还能通过自主创业活动来增加就业岗位，以缓解社会的就业压力。

1.2　大学生如何应用BIM创新创业

➢ 1.2.1　熟练掌握BIM专业技能

BIM技术是一种应用于工程设计建造管理的数据化工具，通过参数模型整合各种项目的相关信息，在项目策划、运行和维护的全生命周期过程中进行共享和传递，使工程技术人员对各种建筑信息做出正确理解和高效应对，为设计团队以及包括建筑运营单位在内的各方建设主体提供协同工作的基础，在提高生产效率、节约成本和缩短工期方面发挥重要作用。

在建筑工程施工全过程中对深化设计、施工工艺、工程进度、施工组织及协调配合方面高质量运用BIM技术进行模拟管理，提高本工程管理信息化水平，提高工程管理工作的效率，为本工程全生命周期管理中提供施工管理阶段数字化信息，充分保障业主后期工程运营管理。

在整个工程深化设计、施工进度、资源管理及施工现场等各个环节，进行信息的建立与收集，基于BIM平台进行碰撞检查、工艺模拟、进度模拟、施工现场平面图布置、消防疏散模拟等应用，最终形成完整的竣工信息模型，从而完成工程全生命周期管理环节中施工环节的信息建立，保证从设计到施工的BIM信息的延续性和完整性，如图1-2所示。

图1-2 BIM技术应用体系

1. 虚拟仿真施工

运用 BIM 技术建立用于进行虚拟施工和施工过程控制、成本控制的模型。该模型能够将工艺参数与影响施工的属性联系起来,以反映施工模型与设计模型间的交互作用。通过 BIM 技术,实现 3D＋2D(三维＋时间＋费用)条件下的施工模型,保持了模型的一致性及模型的可持续性,实现虚拟施工过程各阶段和各方面的有效集成。

2. 实现项目成本的精细化管理和动态管理

通过算量软件运用 BIM 技术建立的施工阶段的 5D 模型,能够实现项目成本的精细分析,准确计算出每个工序、每个工区、每个时间节点段的工程量。按照企业定额进行分析,可以及时计算出各个阶段每个构件的中标单价和施工成本的对应关系,实现了项目成本的精细化管理。同时根据施工进度进行及时统计分析,实现了成本的动态管理。由此避免了以前施工企业在项目完成后,无法知道项目盈利和亏损的原因和部位。

设计变更出来后,对模型进行调整,及时分析出设计变更前后造价变化额,实现成本动态管理。

3. 实现了大型构件的虚拟拼装,节约了大量的施工成本

现代化的建筑具有高、大、重、奇的特征,建筑结构往往是以钢结构＋钢筋混凝土结构组成为主,如上海中心大厦的外筒就有极大的水平钢结构桁架。按照传统的施工方式,钢结构在加工厂焊接好后,应当进行预拼装,检查各个构件间的配合误差。在上海中心大厦建造阶段,施工方通过三维激光测量技术,建立了制作好的每一个钢桁架的三维尺寸数据模型,在电脑上建立钢桁架模型,模拟了构件的预拼装,取消了桁架的工厂预拼装过程,节约了大量的人力和费用。

4. 各专业的碰撞检查,及时优化施工图

通过建立建筑、结构、设备、水电等各专业 BIM 模型,在施工前进行碰撞检查,及时优化了

设备、管线位置,加快了施工进度,避免了施工中大量的返工。

在上海中心大厦项目中,施工技术人员采用传统方法,利用二维图纸将建筑结构图进行叠加,导致施工下料中出现较多管线尺寸不准确,材料计划与实际需要误差大的情况。

通过引入 BIM 技术后,建立了施工阶段的设备、机电 BIM 模型。通过软件对综合管线进行碰撞检测,利 Autodesk Revit 系列软件进行三维管线建模,快速查找模型中的所有碰撞点,并出具碰撞检测报告。同时配合设计单位对施工图进行了深化设计,在深化设计过程中选用 Autodesk Navisworks 系列软件,实现管线碰撞检测,从而较好地解决传统二维设计下无法避免的错、漏、碰、撞等现象。

按照碰撞检查结果,对管线进行调整,从而满足设计施工规范、体现设计意图、符合业主要求、维护检修空间的要求,使得最终模型显示为零碰撞。同时,借由 BIM 技术的三维可视化功能,可以直接显示各专业的安装顺序、施工方案以及完成后的最终效果。

5.实现项目管理的优化

通过 BIM 技术建立施工阶段三维模型能够实现施工组织设计的优化。例如在三维建筑模型上布置塔吊、施工电梯、提升脚手架,检查各种施工机械间的空间位置,优化机械运转间的配合关系,实现施工管理的优化。

在施工中,还可以根据建筑模型对异型模板进行建模,准确获得异型模板的几何尺寸,用于进行预加工,减少了施工损耗。同样可以对设备管线进行建模,获取管线的各段下料尺寸和管件规格、数量,使得管线尺寸能够在加工厂预先预加工,实现了建筑生产的工厂化。

6.建设业主及造价咨询公司的投资控制

项目业主或者造价咨询单位采用 BIM 技术可以有效地实现施工期间成本控制。在施工期间咨询单位通过导入 BIM 技术,可以快速准确地建立三维施工模型(3D),再加上时间、费用则形成了施工过程中建筑项目的 5D 模型。实现了施工期间成本的动态管理,并且能够及时准确地划分施工已完成工程量及产值,为进度款支付提供了及时准确的依据。

7.能够实现可视化条件下的装饰方案优化

装饰工程设计通常在施工期间根据业主的需要进一步做深化设计。在二维状态下的建筑装饰设计,设计单位主要是出具效果图,即简单的内部透视图形,无法进行动态的虚拟,更没有办法进行各种光线照射下的效果观测,设计人员和业主不能体会到使用各种装饰材料产生的质感变化。在装饰施工中,为了让业主体会装饰效果,需要建立几个样板间,样板间建立过程中对装饰材料反复更换和比较,浪费时间和成本。

通过 BIM 技术下三维装饰深化设计,可以建立一个完全虚拟真实建筑空间的模型。业主或者建筑师能够像在建好的房屋内的虚拟建筑空间内漫游。

通过虚拟太阳的升起降下过程,人员可以在虚拟建筑空间内感受到阳光从不同角度射入建筑内的光线变化,而光线带给人们的感受在公共建筑中往往变得尤为重要。

同时,通过建筑材料的选择,业主可以在虚拟空间内感受建筑内部或者外部采用不同材料的质感、装饰图案给人带来的视觉感受,如同预先进入了装饰好的建筑内一样。可以变换各种位置或者角度进行观察装饰效果,从而在电脑上实现装饰方案的选择和优化,既使业主满意,又节约了建造样板间的时间和费用。

➤ 1.2.2　培养个人创新思维能力

1.激发人的好奇心和求知欲

这是培养创造性思维能力的主要环节。影响人的创造力的强弱,起码有三种因素:一是创新意识,即创新的意图、愿望和动机;二是创造思维能力;三是各种创造方法和解题策略的掌握。激发好奇心和求知欲是培养创新意识、提高创造思维能力和掌握创造方法与策略的推动力。实验研究表明,一个好奇心强、求知欲旺盛的人,往往勤奋自信,善于钻研,勇于创新。因此,有人说:"好奇心是学者的第一美德。"

2.培养发散思维和聚合思维

这是发展创造性思维能力的重要方面。在人的创造活动中,既要重视聚合思维的培养,更要重视发散思维的培养。当前,各级学校比较重视求同思维的培养而忽视求异思维的训练。如有的教师往往按照一张标准答卷给分,而学生也往往按照固有的一个答案回答问题。这样,无形之中使学生形成了一个固定的思维模式,严重影响了学生的观察力、好奇心、想象力及主动性的发展。通过这种办法培养出来的只能是知识积累型的学生。发散思维本身有不依常规、寻求变异、探索多种答案的特点。具有良好发散性思维的人,一般对新事物都很敏感,而且具有回避老一套解决问题思维的强烈愿望。所以应重视对学生的发散性思维的培养。

3.培养直觉思维和逻辑思维

这是培养创造性思维不可缺少的环节。所谓直觉思维,是指未经逐步分析而迅速地对解决问题的途径和答案做出合理反映的思维,如猜测、预感、设想、顿悟等。著名科学家爱因斯坦就具有极强的直觉能力。他非常重视实验。大学时,他用大部分时间在实验室里操作,迷恋于获得的直接经验。这些经验使他从马赫、休谟等人的著作中吸取合理的思想,抛弃其唯心论、不可知论的错误观点,从而形成自己一整套相对论的体系。一般来说,知识结构只是一种"间架",其中存在着很多"缺口"。这些"缺口"对于非常熟悉这个问题的人,就是一个非常具有吸引力的因素,他不仅有熟悉之感,而且能够对它"似有灵犀一点通"。这是过去长期积累的知识和辛勤劳动逐渐在头脑中搭起的一座从已知到未知的桥梁。因此,在当前情境启发下,才会表现出一瞬间的直觉反应。但是直觉思维往往不完善、不明确,有时是错误的。要使直觉思维达到完善,逻辑思维可认为是它的一个必要的检验、修改和订正的完善过程。因此,应把两者结合起来培养,会更有助于创造性思维的发展。

➤ 1.2.3　乐于创业、敢于创业和善于创业

1.乐于创业

乐于创业是创业者走向成功的第一要素。乔布斯曾说过,成就一番伟业的唯一途径就是热爱自己的事业。朱峰峰、王渡丹如此,其他在农业领域创业成功的大学生同样如此,选择自己热爱的领域,才愿意为之奋斗一生。

2.敢于创业

创业仅仅有一股子热情是远远不够的,关键是要敢于迈出第一步。要经受得住社会舆论的压力,经受得住体力精力的磨难,经受得住艰苦生活的考验。

3.善于创业

大学生具有年富力强、知识丰富、视野开阔、敢想敢干、敢于创新、善于创新的优势,这是现

代社会发展迫切需要的。大学生创业,要充分发挥这些优势和特长,运用先进的生产方式和经营模式,致力于开创一番有别于父辈的全新事业。

1.3 大学生BIM创新创业能力培养的具体做法

➤ 1.3.1 重视BIM技术在土建工程领域发展的新动向

1. BIM技术在设计阶段的应用

传统的二维设计条件下,图纸中图元本身没有构件属性,都是一些点、线、面。项目业主、造价咨询单位要从各自角度对设计方案进行经济上测算和优化,需要造价咨询单位将二维图纸重新建模,建立算量模型,花费大量的时间和人力。同时设计方案修改后,造价单位需要重新按照二维图纸进行模型修改,导致不能及时准确地测算项目成本。

在BIM条件下,设计软件导出BIM数据,造价单位用BIM条件下的三维算量软件平台,按照不同专业导入需要的BIM数据,迅速地实现了建筑模型在算量软件中的建立,及时准确地计算出工程量,并测算出项目成本;设计方案修改后,重新导入BIM数据,直接得出修改后的测算成本。

2. BIM技术在施工阶段的应用

在项目施工阶段建立以BIM应用为载体的项目管理信息化,可以提升项目生产效率、提高建筑质量、缩短工期、降低建造成本。具体体现在:

(1)直观的视觉效果,充分展示企业实力。

三维渲染动画,给人以真实感和直接的视觉冲击。建好的BIM模型可以作为二次渲染开发的模型基础,大大提高了三维渲染效果的精度与效率,给业主更为直观的宣传介绍,提升中标概率。BIM模型主要应用于施工组织设计及施工方案的展示,在招投标过程中能够充分展示施工企业的能力,也能够将施工组织设计的精髓体现得淋漓尽致。

(2)提升算量效率,提高工程量计算精度。

BIM可以准确快速计算工程量,提升施工预算的精度与效率。BIM技术能自动计算工程实物量,这个属于较传统的算量软件的功能。20世纪90年代中后期,预算软件进入到施工企业中,迅速扎根发芽,并广为传播,成为项目参与各方对于成本控制的统一标准。随着图形化算量功能加入预算软件中,也使这一工作具备BIM技术的雏形。

(3)精确计划,实时控制。

在BIM技术出现以前,由于大量的数据无法快速统计,极低的计算效率不能满足施工时限的要求,致使大量的工作凭借经验来完成。而BIM的出现可以让管理者快速准确地获得工程基础数据,为施工企业制订精确的人、财、物计划提供有效支撑,为实现限额领料、消耗控制提供技术支撑。

(4)实时对比,动态管控。

项目管理的基础就是工程基础数据的管理,及时、准确地获取相关工程数据就是项目管理的核心竞争力。BIM技术可以实现任一时点上工程基础信息的快速获取,可以用模型形象地反映出工程实体的实况,精确统计出各步工作的实际数据。通过计划与实际的对比,可以有效了解项目的盈亏以及是否偏离目标等问题,实现对项目成本风险的有效管控。

(5)实现虚拟施工,便于多方协同。

虚拟模型可将时间与三维可视化功能相关联,可以进行虚拟施工。随时随地直观快速地将施工计划与实际进展进行对比,施工方、监理方、业主方都对工程项目的各种问题和情况了如指掌。这样通过 BIM 技术结合施工方案、施工模拟和现场视频监测,大大减少建筑质量问题、安全问题,减少返工和整改。

虚拟施工还可以实现可视化的设计交底。设计人员可以通过模型实现向施工方的可视化设计交底,能够让施工方清楚了解设计意图,了解设计中的每一个细节。交底过程中施工方也可以从施工的角度提出意见和建议,并实时更改、优化设计方案。

(6)解决传统碰撞检查难题,减少返工。

施工过程中相关各方有时需要付出巨大的代价来弥补由设备管线碰撞等引起的拆装、返工和浪费。传统的二维图纸设计中,采用二维设计图来进行会审,人为的失误在所难免,使施工出现返工现象,造成建设投资的极大浪费,并且还会影响施工进度。施工单位在拿到图纸的第一时间也要组织相关专业对图纸再次进行会审,是人力、物力的重复投入,且仍然存在人为失误的可能性。利用 BIM 的三维技术在前期可以进行碰撞检查,优化工程设计,减少在建筑施工阶段可能存在的错误损失和返工的可能性,而且优化净空,优化管线排布方案。最后施工人员可以利用碰撞优化后的三维管线方案,进行施工交底、施工模拟,提高施工质量,同时也提高了与业主沟通的能力。

3.BIM 技术在运维阶段的应用

首先,空间管理主要应用在照明、消防等各系统和设备空间定位。获取各系统和设备空间位置信息,把原来编号或者文字表示变成三维图形位置,直观形象且方便查找。如通过 RFID 获取大楼的安保人员位置;消防报警时,在 BIM 模型上快速定位所在位置,并查看周边的疏散通道和重要设备等。其次,应用于内部空间设施可视化。传统建筑业信息都存在于二维图纸和各种机电设备的操作手册上,需要使用的时候由专业人员自己去查找信息、理解信息,然后据此决策对建筑物进行一个恰当的动作。利用 BIM 将建立一个可视三维模型,所有数据和信息可以从模型中获取调用。如装修的时候,可快速获取不能拆除的管线、承重墙等建筑构件的相关属性。在软件研发方面,由 Autodesk 创建的基于 DWF 技术平台的空间管理,能在不丢失重要数据以及接收方无须了解原设计软件的情况下,发布和传送设计信息。在此系统中,Autodesk FMDesktop 可以读取由 Revit 发布的 DWF 文件,并可自动识别空间和房间数据,而FMDesktop 用户无须了解 Revit 软件产品,使企业不再依赖于劳动密集型、手工创建多线段的流程。设施管理员使用 DWF 技术将协调一致的可靠空间和房间数据从 Revit 建筑信息模型迁移到 Autodesk FMDesktop。然后,生成他们专用的带有彩色图的房间报告,以及带有房间编号、面积、入住者名称等的平面图——在迁移墙壁之前,无须联系建筑师。到迁移墙壁时,DWF 还能够将更新的信息返回建筑师的 Revit 建筑信息模型中。

➤ 1.3.2 探究建筑工程 BIM 技术应用切入点

1.提高实施速度

通过 BIM 技术建立 3D 可视化模型,可以提前对项目进行完整的理解,并且在施工建造前就可以发现设计中存在的缺陷,便于项目参与各方商讨决策出最佳的设计解决方案。借助BIM 软件可以提高设计审查速度,确保项目实施速度,可视化的 BIM 模型能够进一步改善设计解决方案的品质。

2. 可视化沟通

通过运用 BIM 软件建立一个项目参与各方都能够看得懂的 BIM 可视化模型,可以让项目中各专业、各阶段对工程整体进行全面的理解,摆脱 2D 平面图纸沟通不畅、专业化过强、建筑构件描述不清等问题。大家可以在同一个 BIM 模型下进行沟通,即便是专业知识缺乏的业主也能够通过 BIM 模型来表达自己的看法,与设计师进行有效沟通。项目中其他团队例如供应商、分包商、合作伙伴等都可以通过 BIM 模型的可视化减少不必要的交流或者浪费的时间,让大家能够对项目达成共识,保证其顺利地进行。

3. 模拟与检查

这里包括最为常用的碰撞检查及施工模拟。通过这两项模拟检查可以发现设计与施工中的错、漏、碰、缺。运用碰撞检查可以减少设计变更,降低错误率,提前发现碰撞点及冲突点,改善设计品质,提高施工效率;而施工模拟可以进行项目重点构件或部位的工序和工法模拟,调整施工方法或合理配置资源,改善浪费的情况,实现限额领料、额定下料。同时还可以对施工现场布置、安全、物料摆放、设备移动等进行模拟,提高施工中的安全及效率。

4. 改善管理

BIM 技术是可以对 3D 模型进行无限维度拓展的,在传统长、宽、高的基础之上加入时间 (4D)和成本(5D),可以对施工的进度及人力成本、物料成本、总成本等进行把控,进而提高施工项目管理的效率,改善传统粗犷式管理的浪费情况。

➢ 1.3.3　基于 BIM 技术应用切入点创新创业

李克强总理在 2015 年政府工作报告中,两次提到"大众创业、万众创新"。在 2018 年的两会上,大学生创业成为代表委员热议话题。众多代表委员坦言:大学生休学创业,一定要深思熟虑,任性不可取。大学生创业贵在创新,利用自己的专业知识创业。高校则必须加强创新教育。大学生作为受教育程度较高的社会群体,其创业能力水平高低对激发社会创业热情,带动万众创新,增添社会活力至关重要。大学生创业是一项极其艰苦的事业,他们有梦想无资金,有勇气无经验,有知识无能力,走过千山万水,经历千辛万苦,最终能够登上成功之巅者毕竟是少数。但大学生创业也是一项充满希望的事业,建设创新型国家需要他们付出努力,建设创业型社会也需要他们积极参与。大学生想创业就可以任性创业吗? 对于学校来说,为学生提供一个专业且具有信息化的创业平台是必不可少的,促进学生创业意向实现的前提是专业课的知识足够扎实,那么创新创业实践平台的存在更是义不容辞。

目前建筑企业单位对工程造价从业人员的岗位能力要求越来越高,尤其是具有 BIM+专业技术的人才,对院校的应届毕业生同样如此。土建从业人员除了具备基本的专业知识外,必要的实务知识、信息化工具及 BIM 技术的使用,也要求能够掌握到一定程度。那么在校内建设专业实训基地及配套实训课程,以达成理论教学+实训教学+顶岗实习的完整体系就非常重要。因此,随着 BIM 的逐渐发展,通信行业方向的应用也会越来越多,创新创业实践平台项目也会随着 BIM 的发展趋势推动而持续进行。

模块 2

BIM 概述

2.1 BIM 的由来、特点及优势

➤ 2.1.1 BIM 的由来

建筑信息模型（building information modeling，BIM）的理论基础主要源于制造行业集 CAD、CAM 于一体的计算机集成制造系统（computer integrated manufacturing system，CIMS）理念和基于产品数据管理 PDM 与 STEP 标准的产品信息模型。BIM 是近十年在原有 CAD 技术基础上发展起来的一种多维（三维空间、四维时间、五维成本、N 维更多应用）模型信息集成技术，可以使建设项目的所有参与方（包括政府主管部门、业主、设计、施工、监理、造价、运营管理、项目用户等）在项目从概念产生到完全拆除的整个生命周期内都能够在模型中操作信息和在信息中操作模型，从而从根本上改变了从业人员依靠符号文字、形式图纸进行项目建设和运营管理的工作方式，实现了在建设项目全生命周期内提高工作效率和质量以及减少错误和降低风险的目标。

CAD 技术将建筑师、工程师们从手工绘图推向计算机辅助制图，实现了工程设计领域的第一次信息革命。但是此信息技术对产业链的支撑作用是断点的，各个领域和环节之间没有关联，从整个产业整体来看，信息化的综合应用明显不足。BIM 是一种技术、一种方法、一种过程，它既包括建筑物全生命周期的信息模型，同时又包括建筑工程管理行为的模型，它将两者进行完美的结合来实现集成管理，它的出现将引发整个 A/E/C（architecture/engineering/construction）领域的第二次革命：BIM 从二维（2D）设计转向三维（3D）设计；从线条绘图转向构件布置；从单纯几何表现转向全信息模型集成；从各工种单独完成项目转向各工种协同完成项目；从离散的分步设计转向基于同一模型的全过程整体设计；从单一设计交付转向建筑全生命周期支持。BIM 给建筑工程带来的转变如图 2-1 所示。

由此可见，BIM 带来的不仅是激动人心的技术冲击，而更加值得注意的是，BIM 技术与协同设计技术将成为互相依赖、密不可分的整体。协同是 BIM 的核心概念，同一构件元素，只需输入一次，各工种即可共享该元素数据，并于不同的专业角度操作该构件元素。从这个意义上说，协同已经不再是简单的文件参照。可以说，BIM 技术将为未来协同设计提供底层支撑，大幅提升协同设计的技术含量，它带来的不仅是技术，也将是新的工作流及新的行业惯例。

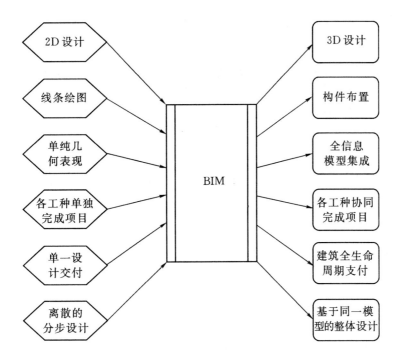

图 2-1 BIM 给建筑工程带来的转变

➤ 2.1.2 BIM 的特点

1.信息完备性

除了对工程对象进行 3D 几何信息和拓扑关系的描述,BIM 还包括完整的工程信息描述,如:对象名称、结构类型、建筑材料、工程性能等设计信息;施工工序、进度、成本、质量以及人力、机械、材料资源等施工信息;工程安全性能、材料耐久性能等维护信息;对象之间的工程逻辑关系;等等。

2.信息关联性

信息模型中的对象是可识别且相互关联的,系统能够对模型的信息进行统计和分析,并生成相应的图形和文档。如果模型中的某个对象发生变化,与之关联的所有对象都会随之更新,以保持模型的完整性。

3.信息一致性

在建筑生命期的不同阶段模型信息是一致的,同一信息无须重复输入,而且信息模型能够自动演化,模型对象在不同阶段可以简单地进行修改和扩展而无须重新创建,避免了信息不一致的错误。

4.可视化

BIM 提供了可视化的思路,让以往在图纸上线条式的构件变成一种三维的立体实物图形展示在人们的面前。BIM 的可视化是一种能够将构件之间形成互动性的可视,可以用来展示效果图及生成报表。更具应用价值的是,在项目设计、建造、运营过程中,各过程的沟通、讨论、决策都能在可视化的状态下进行。

5.协调性

在设计时,由于各专业设计师之间的沟通不到位,往往会出现施工中各种专业之间的碰撞问题,例如结构设计的梁等构件在施工中妨碍暖通等专业中的管道布置等。BIM 建筑信息模型可在建筑物建造前期将各专业模型汇集在一个整体中,进行碰撞检查,并生成碰撞检测报告及协调数据。

6.模拟性

BIM 不仅可以模拟设计出的建筑物模型,还可以模拟难以在真实世界中进行操作的事物,具体表现如下:

(1)在设计阶段,可以对设计上所需数据进行模拟试验,例如节能模拟、日照模拟、热能传导模拟等。

(2)在招投标及施工阶段,可以进行 4D 模拟(3D 模型中加入项目的发展时间),根据施工的组织设计来模拟实际施工,从而确定合理的施工方案;还可以进行 5D 模拟(4D 模型中加入造价控制),从而实现成本控制。

(3)后期运营阶段,可以对突发紧急情况的处理方式进行模拟,例如模拟地震中人员逃生及火灾现场人员疏散等。

7.优化性

整个设计、施工、运营的过程,其实就是一个不断优化的过程,没有准确的信息是做不出合理优化结果的。BIM 模型提供了建筑物存在的实际信息,包括几何信息、物理信息、规则信息,还提供了建筑物变化以后的实际存在。BIM 及与其配套的各种优化工具提供了对复杂项目进行优化的可能:把项目设计和投资回报分析结合起来,计算出设计变化对投资回报的影响,使得业主明确哪种项目设计方案更有利于自身的需求;对设计施工方案进行优化,可以显著地缩短工期和降低造价。

8.可出图性

BIM 可以自动生成常用的建筑设计图纸及构件加工图纸。通过对建筑物进行可视化展示、协调、模拟及优化,可以帮助业主生成消除了碰撞点、优化后的综合管线图,生成综合结构预留洞图、碰撞检查侦错报告及改进方案等。

➢ 2.1.3 BIM 的优势

BIM 是继 CAD 之后的新技术,BIM 在 CAD 的基础上扩展更多的软件程序,如工程造价、进度安排等。此外 BIM 还蕴藏着服务于设备管理等方面的潜能。BIM 技术较二维 CAD 技术的优势见表 2-1。

表 2-1 BIM 技术较二维 CAD 技术的优势

面向对象＼类别	CAD 技术	BIM 技术
基本元素	基本元素为点、线、面，无专业意义	基本元素如墙、窗、门等，不但具有几何特性，同时具有建筑物理特征和功能特征
修改图元位置或大小	需要再次画图，或者通过拉伸命令调整大小	所有图元均为附有建筑属性的参数化建筑构件；更改属性即可调节构件的尺寸、样式、材质、颜色等
各建筑元素间的关联性	各建筑元素间没有相关性	各个构件相互关联，如删除一面墙，墙上的窗和门将自动删除；删除一扇窗，墙上将自动恢复为完整的墙
建筑物整体修改	需要对建筑物各投影面依次进行人工修改	只需进行一次修改，则与之相关的平面、立面、剖面、三维视图、明细表等均自动修改
建筑信息的表达	纸质图纸电子化提供的建筑信息非常有限	包含了建筑的全部信息，不仅提供形象可视的二维和三维图纸，而且提供工程量清单、施工管理、虚拟建造、造价估算等更加丰富的信息

鉴于 BIM 技术较 CAD 技术具有如表 2-1 所示的种种优势，无疑给工程建设各方带来巨大的益处，具体见表 2-2。

表 2-2 BIM 技术提供给建设各方的益处

应用方	BIM 技术的好处
业主	实现规划方案预演、场地分析、建筑性能预测和成本估算
设计单位	实现可视化设计、协同设计、性能化设计、工程量统计和管线综合
施工单位	实现施工进度模拟、数字化建造、物料跟踪、可视化管理和施工配合
运营维护单位	实现模拟现场和漫游，资产、空间等管理，建筑系统分析和灾害应急模拟
软件商	软件的用户数量和销售价格迅速增长；为满足项目各方提出的各种需求，不断开发、完善软件的功能；能从软件后续升级和技术支持中获得收益

2.2 BIM 技术应用现状

➤ 2.2.1 BIM 技术国外应用现状

1. BIM 在美国的应用现状

BIM 技术起源于美国伊斯特曼（Chuck Eastman）博士于 20 世纪末提出的建筑计算机模拟系统（building description system）。根据伊斯特曼博士的观点，BIM 是在建筑生命周期对相关数据和信息进行制作和管理的流程。从这个意义上讲，BIM 可称为对象化开发或 CAD 的深层次开发，抑或为参数化的 CAD 设计，即对二维 CAD 时代产生的信息孤岛进行再组织基础上的应用。

随着信息的不断扩展,BIM 模型也在不断地发展成熟。在不同阶段,参与者对 BIM 的需求关注度也不一样,而且数据库中的信息字段也可以不断扩展。因此,BIM 模型并非一成不变,其从最开始的概念模型、设计模型到施工模型再到设施运维模型,一直不断成长。

美国是较早启动建筑业信息化研究的国家。发展至今,其在 BIM 技术研究和应用方面都处于世界领先地位。目前,美国大多建筑项目已经开始应用 BIM,BIM 的应用点也种类繁多,并且创建了各种 BIM 协会,出台了 NBIM 标准。根据 McGraw Hill 的调研,2012 年美国工程建设行业采用 BIM 的比例从 2007 年的 28%,增长至 2009 年的 49%,直至 2012 年的 71%,如图 2-2 所示。其中有 74% 的承包商、70% 的建筑师及 6.7% 的机电工程师已经在实施 BIM。

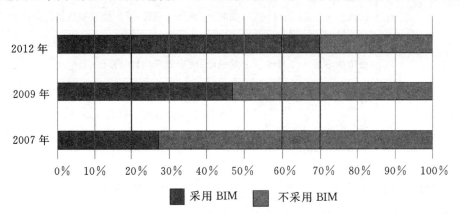

图 2-2　McGraw Hill 工程建设行业采用 BIM 比例调研

在美国,首先是建筑师引领了早期的 BIM 实践,随后是拥有大量资金以及风险意识的施工企业。当前,美国建筑设计企业与施工企业在 BIM 技术的应用方面旗鼓相当且相对比较成熟,而在其他工程领域的发展却比较缓慢。在美国,伊斯特曼认可的施工方面 BIM 技术应用包括:①使用 BIM 进行成本估算;②基于 4D 的计划与最佳实践;③碰撞检查中的创新方法;④使用手持设备进行设计审查和获取问题;⑤计划和任务分配中的新方法;⑥现场机器人的应用;⑦异地构件预制。

美国某研究调研中得出 2014 年度 BIM 应用与效益数据(如图 2-3 所示),从图中可以看出 BIM 技术在美国不同应用点上的常用程度与最佳使用程度对比。针对 BIM 的不同应用点,一些应用点 BIM 使用率完美,如 3D 协调、设计方案论证、设计审查;有些则与最佳使用率差距较大,如子计划(4D 建模)、数字施工等。

2.BIM 在英国的应用现状

2010 年、2011 年英国 NBS 组织了全英的 BIM 调研,从网上 1000 份调研问卷中最终统计出英国的 BIM 应用状况。从统计结果可以发现:2010 年,仅有 13% 的人在使用 BIM,而 43% 的人从未听说过 BIM;2011 年,有 31% 的人在使用 BIM,48% 的人听说过 BIM,而 21% 的人对 BIM 一无所知。还可以看出,BIM 在英国的推广趋势十分明显,调查中有 78% 的人同意 BIM 是未来趋势,同时有 94% 的受访人表示会在 5 年之内应用 BIM。英国 BIM 使用情况如图 2-4 所示。

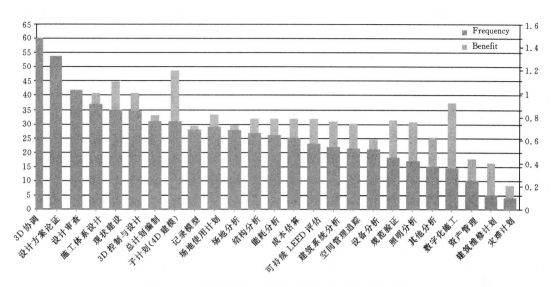

图 2-3 美国某研究对 BIM 应用与效益的比较分析

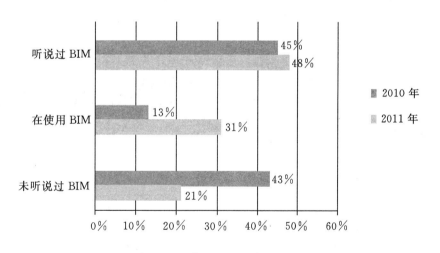

图 2-4 英国的 BIM 使用情况

与大多数国家相比,英国政府要求强制使用 BIM。2011 年 5 月,英国内阁办公室发布了"政府建设战略"文件,其中关于建筑信息模型的章节中明确要求:到 2013 年,政府要求全面协同的 3D BIM,并将全部的文件以信息化管理。为了实现这一目标,文件制定了明确的阶段性目标,如 2011 年 7 月发布 BIM 实施计划;2012 年 4 月,为政府项目设计一套强制性的 BIM 标准;2012 年夏季,BIM 中的设计、施工信息与运营阶段的资产管理信息实现结合;2012 年夏天起,分阶段为政府所有项目推行 BIM 计划;至 2012 年 7 月,在多个部门确立试点项目,运用 3D BIM 技术来协同交付项目。文件也承认由于缺少兼容性的系统、标准和协议,以及客户和主导设计师的要求存在区别,大大限制了 BIM 的应用。因此,政府将重点放在制定标准上,确保 BIM 链上的所有成员能够通过 BIM 实现协同工作。

政府要求强制使用 BIM 的文件得到了英国建筑业 BIM 标准委员会的支持。迄今为止,英国建筑业 BIM 标准委员会已于 2009 年 11 月发布了英国建筑业 BIM 标准,2011 年 3 月发布了适用于 Revit 的英国建筑业 BIM 标准,2011 年 9 月发布了适用于 Bentley 的英国建筑业 BIM 标准。这些标准的制定都为英国的 AEC 企业从 CAD 过渡到 BIM 提供了切实可行的方案和程序,例如如何命名模型、如何命名对象、单个组件的建模,与其他应用程序或专业的数据交换等。特定产品的标准是为了在特定 BIM 产品应用中解释和扩展通用标准中的一些概念。标准编委会成员均来自建筑行业,他们熟悉建筑流程,熟悉 BIM 技术,所编写的标准有效地应用于生产实际。

针对政府建设战略文件,英国内阁办公室于 2012 年起每年都发布"年度回顾与行动计划更新"报告。报告中分析本年度 BIM 的实施情况与 BIM 相关的法律、商务、保险条款以及标准的制定情况,并制订近期 BIM 实施计划,促进企业、机构研究基于 BIM 的实践。

伦敦是众多全球领先设计企业的总部,如 Fosterand Partners、Zaha Hadid Architects、BDP 和 ARUP;也是很多领先设计企业的欧洲总部,如 HOK、SOM 和 Gensler。在这样的环境下,其政府发布的强制使用 BIM 文件可以得到有效执行。因此,英国的 BIM 应用处于领先水平,发展速度更快。

3. BIM 在新加坡的应用现状

新加坡负责建筑业管理的国家机构是建筑管理署(BCA)。在 BIM 这一术语引进之前,新加坡当局就注意到信息技术对建筑业的重要作用。

早在 1982 年,BCA 就有了人工智能规划审批的想法;2000—2004 年,发展 CORENET (Construction and Real Estate NETwork) 项目,用于电子规划的自动审批和在线提交,研发了世界首创的自动化审批系统。2011 年,BCA 发布了《新加坡 BIM 发展路线规划》,明确推动整个建筑业在 2015 年前广泛使用 BIM 技术。为了实现这一目标,BCA 分析了面临的挑战,并制定了相关策略,如图 2-5 所示。

挑战			策略				
缺乏需求	固守二维实践	学习曲线陡峭	缺乏BIM人才	政府部门带头	树立标杆	扫除障碍	建立BIM能力与产量	鼓励早期BIM应用者

图 2-5 新加坡 BIM 发展挑战及应对策略

截至 2014 年年底,新加坡已出台了多个清除 BIM 应用障碍的主要策略,包括:2010 年 BCA 发布了建筑和结构的模板;2011 年 4 月发布了 M&E 的模板;与新加坡 buildingSMART 分会合作,制定了建筑与设计对象库,并发布了项目协作指南。

为了鼓励早期的 BIM 应用者,BCA 为新加坡的部分注册公司成立了 BIM 基金,鼓励企业在建筑项目上把 BIM 技术纳入其工作流程,并运用在实际项目中。BIM 基金有以下用途:支持企业建立 BIM 模型,提高项目可视力及高增值模拟,提高分析和管理项目文件能力;支持项目改善重要业务流程,如在招标或者施工前使用 BIM 做冲突检测,达到减少工程返工量(低于 10%)的效果,提高生产效率 10%。

每家企业可申请总经费不超过10.5万新加坡元,涵盖大范围的费用支出,如培训成本、咨询成本、购买BIM硬件和软件等。基金分为企业层级和项目写作层级,公司层级最多可申请2万新加坡元,用以补贴培训、软件、硬件及人工成本;项目协作层级需要至少2家公司的BIM协作,每家公司、每个主要专业最多可申请6.5万新加坡元,用以补贴培训、咨询、软件及硬件和人力成本。申请的企业必须派员工参加BCA学院组织的BIM建模或管理技能课程。

在创造需求方面,新加坡决定政府部门必须带头在所有新建项目中明确提出BIM需求。2011年,BCA与一些政府部门合作确立了示范项目。BCA将强制要求提交建筑BIM模型(2013年起)、结构与机电BIM模型(2014年起),并且最终在2015年前实现所有建筑面积大于5000平方米的项目都必须提交BIM模型的目标。

在建立BIM能力与产量方面,BCA鼓励新加坡的大学开设BIM的课程,为毕业学生组织密集的BIM培训课程,为行业专业人士建立了BIM专业学位。

4.BIM在北欧国家的应用现状

北欧国家如挪威、丹麦、瑞典和芬兰,是一些主要的建筑业信息技术的软件厂商所在地,如Tekla和Solibri。而且对发源于邻近匈牙利的ArchiCAD的应用率也很高。因此,这些国家是全球最先一批采用基于模型设计的国家,并且也在推动建筑信息技术的互用性和开放标准(主要指IFC)。由于北欧国家冬季漫长多雪的地理环境,建筑的预制化显得非常重要,这也促进了包含丰富数据、基于模型的BIM技术的发展,使这些国家及早地进行了BIM部署。

上述北欧四国政府并未强制要求使用BIM,但由于当地气候的要求以及先进建筑信息技术软件的推动,BIM技术的发展主要是企业的自觉行为。Senate Properties是一家芬兰国有企业,也是芬兰最大的物业资产管理公司。2007年,Senate Properties发布了一份建筑设计的BIM要求,规定:"自2007年10月1日起,Senate Properties的项目仅强制要求建筑设计部分使用BIM,其他设计部分可根据项目情况自行决定是否采用BIM技术,但目标将是全面使用BIM。"该要求还提出:"在设计招标阶段将有强制的BIM要求,这些BIM要求将成为项目合同的一部分,具有法律约束力;建议在项目协作时,建模任务需创建通用的视图,需要准确的定义;需要提交最终BIM模型,且建筑结构与模型内部的碰撞需要进行存档;建模流程分为四个阶段:SpatialGroup BIM、Spatial BIM、Preliminary Building Element BIM和Building Element BIM。"

5.BIM在日本的应用现状

在日本,有"2009年是日本的BIM元年"之说。大量的日本设计公司、施工企业开始应用BIM,而日本国土交通省也在2010年3月表示:已选择一项政府建设项目作为试点,探索BIM在设计可视化、信息整合方面的价值及实施流程。

2010年秋天,日经BP社调研了517位设计院、施工企业及相关建筑行业从业人士,了解他们对于BIM的认知度与应用情况。结果显示:BIM的知晓度从2007年的30.2%提升至2010年的75.4%;2008年采用BIM的最主要原因是BIM绝佳的展示效果,而2010年采用BIM主要用于提升工作效率;仅有7%的业主要求施工企业应用BIM,这也表明日本企业应用BIM更多是企业的自身选择与需求;日本33%的施工企业已经应用了BIM,在这些企业当中近90%是在2009年之前开始实施的。

日本企业应用BIM的原因如图2-6所示。

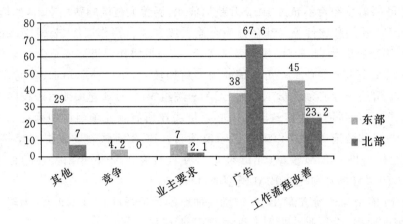

图 2-6　日本企业应用 BIM 的原因

　　日本软件业较为发达,在建筑信息技术方面也拥有较多的日本国产软件。日本 BIM 相关软件厂商认识到:BIM 是多个软件来互相配合而达到数据集成的目的的基本前提。因此多家日本 BIM 软件商在 IAI 日本分会的支持下,以福井计算机株式会社为主导,成立了日本国产解决方案软件联盟。

　　此外,日本建筑学会于 2012 年 7 月发布了日本 BIM 指南,从 BIM 团队建设、BIM 数据处理、BIM 设计流程、应用 BIM 进行预算、模拟等方面为日本的设计院和施工企业应用 BIM 提供了指导。

▶ 2.2.2　BIM 技术国内应用现状

1.BIM 在香港的应用现状

　　香港的 BIM 发展也主要靠行业自身的推动。早在 2009 年,香港便成立了香港 BIM 学会。2010 年时,香港 BIM 学会主席梁志旋表示,香港的 BIM 技术应用目前已经完成从概念到实用的转变,处于全面推广的最初阶段。

　　香港房屋署自 2003 年起,已率先试用 BIM;为了成功地推行 BIM,自行订立了 BIM 标准、用户指南、组建资料库等设计指引和参考。这些资料有效地为模型建立、管理档案以及用户之间的沟通创造了良好的环境。2009 年 11 月,香港房屋署发布了 BIM 应用标准。

2.BIM 在台湾的应用现状

　　自 2008 年起,BIM 这个名词在台湾地区的建筑营建业开始被热烈地讨论,台湾的产官学界对 BIM 的关注度也十分之高。早在 2007 年,台湾大学与 Autodesk 签订了产学合作协议,重点研究 BIM 及动态工程模型设计。2009 年,台湾大学土木工程系成立了"工程信息仿真与管理研究中心"(简称 BIM 研究中心),建立技术研发、教育训练、产业服务与应用推广的服务平台,促进 BIM 相关技术与应用的经验交流、成果分享、人才培训与产官学研合作。为了调整及补充现有合同内容在应用 BIM 上之不足,BIM 研究中心与淡江大学工程法律研究发展中心合作,并在 2011 年 11 月出版了《工程项目应用建筑信息模型之契约模板》一书,并特别提供合同范本与说明,让用户能更清楚了解各项条文的目的、考虑重点与参考依据。高雄应用科技大学土木系也于 2011 年成立了工程资讯整合与模拟研究中心。此外,台湾交通大学、台湾科技大学等对 BIM 进行了广泛的研究,极大地推动了台湾地区对于 BIM 的认知与应用。

台湾有几家公转民的大型工程顾问公司与工程公司,由于一直承接政府大型公共建设,财力、人力资源雄厚,对于 BIM 有一定的研究并有大量的成功案例。2010 年元旦,台湾世曦工程顾问公司成立 BIM 整合中心;2011 年 9 月,中兴工程顾问股份 3D BIM 中心成立;此外,亚新工程顾问股份有限公司也成立了 BIM 管理及工程整合中心。台湾的小规模建筑相关单位,由于高昂的软件价格,对于 BIM 的软硬件投资有些踌躇不前,是目前民间企业 BIM 普及的重要障碍。

台湾地区政府层级对 BIM 的推动有两个方向。一方面,对于建筑产业界,希望其自行引进 BIM 应用,官方并没有具体的辅导与奖励措施。对于新建的公共建筑和公有建筑,其拥有者为政府单位,工程发包监督都受政府的公共工程委员会管辖,则要求在设计阶段与施工险段都以 BIM 完成。另一方面,台北市、新北市、台中市,这三个市的建筑管理单位为了提高建筑审查的效率,正在学习新加坡的 eSummision,致力于日后要求设计单位申请建筑许可时必须提交 BIM 模型。如台北市政府于 2010 年启动了"建造执照电脑辅助查核及应用之研究",并先后公开举办了三场专家座谈会:第一场为"建筑资讯模型在建筑与都市设计上的运用",第二场为"建造执照审查电子化及 BIM 设计应用之可行性",第三场为"BIM 永续推动及发展目标"。2011 年和 2012 年,台北市政府又举行了"台北市政府建造执照应用 BIM 辅助审查研讨会",邀请产学各界的专家学者齐聚一堂,从不同方面就台北市政府的研究专案说明、推动环境与策略、应用经验分享、工程法律与产权等课题提出专题报告并进行研讨。

3. BIM 在大陆(内地)的应用现状

近来 BIM 在大陆(内地)建筑业形成一股热潮,除了前期软件厂商的大声呼吁外,政府相关单位、各行业协会与专家、设计单位、施工企业、科研院校等也开始重视并推广 BIM。

在行业协会方面,2010 年和 2011 年,中国房地产业协会商业地产专业委员会、中国建筑业协会工程建设质量管理分会、中国建筑学会工程管理研究分会、中国土木工程学会计算机应用分会组织并发布了《中国商业地产 BIM 应用研究报告 2010》和《中国工程建设 BIM 应用研究报告 2011》,一定程度上反映了 BIM 在我国工程建设行业的发展现状。根据两届的报告,关于 BIM 的知晓程度从 2010 年的 30% 提升至 2011 年的 87%。2011 年,共有 39% 的单位表示已经使用了 BIM 相关软件,而其中以设计单位居多,如图 2-7 所示。

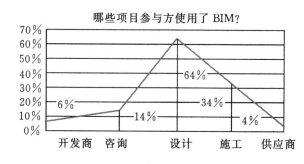

图 2-7　关于 BIM 在项目中使用情况调查

在科研院校方面，早在 2010 年，清华大学通过研究，参考 NBIMS，结合调研提出了中国建筑信息模型标准框架（CBIMS），并且创造性地将该标准框架分为面向 IT 的技术标准与面向用户的实施标准。

在产业界，前期主要是设计院、施工单位、咨询单位等对 BIM 进行一些尝试。最近几年，业主对 BIM 的认知度也在不断提升，SOHO 董事长潘石屹已将 BIM 作为 SOHO 未来三大核心竞争力之一；万达、龙湖等大型房产商也在积极探索应用 BIM；上海中心大厦、上海迪士尼等大型项目要求在全生命周期中使用 BIM，BIM 已经是企业参与项目的门槛；其他项目中也逐渐将 BIM 写入招标合同，或者将 BIM 作为技术标的重要亮点。大中小型设计院在 BIM 技术的应用也日臻成熟，大型工民用建筑企业也开始争相发展企业内部的 BIM 技术应用。山东省内建筑施工企业如青建集团股份、山东天齐集团、潍坊昌大集团等已经开始推广 BIM 技术应用。BIM 在国内的成功应用有奥运村空间规划及物资管理信息系统、南水北调工程等。目前来说，大中型设计企业基本上拥有了专门的 BIM 团队，有一定的 BIM 实施经验；施工企业起步略晚于设计企业，不过很多大型施工企业也开始了对 BIM 的实施与探索，并有一些成功案例；目前运维阶段的 BIM 还处于探索研究阶段。

我国建筑行业 BIM 技术应用正处于由概念阶段转向实践应用阶段的重要时期，越来越多的建筑施工企业对 BIM 技术有了一定的认识并积极开展实践，特别是 BIM 技术在一些大型复杂的超高层项目中得到了成功应用，涌现出一大批 BIM 技术应用的标杆项目。在这个关键时期，我国住建部及各省市相关部门出台了一系列政策推广 BIM 技术。

2011 年 5 月，住建部发布的《2011—2015 年建筑业信息化发展纲要》中明确指出：在施工阶段开展 BIM 技术的研究与应用，推进 BIM 技术从设计阶段向施工阶段的应用延伸，降低信息传递过程中的衰减；研究基于 BIM 技术的 4D 项目管理信息系统在大型复杂工程施工过程中的应用，实现对建筑工程有效的可视化管理等。文件中对 BIM 提出七点要求：一是推动基于 BIM 技术的协同设计系统建设与应用；二是加快推广 BIM 在勘察设计、施工和工程项目管理中的应用，改进传统的生产与管理模式，提升企业的生产效率和管理水平；三是推进 BIM 技术、基于网络的协同工作技术应用，提升和完善企业综合管理平台，实现企业信息管理与工程项目信息管理的集成，促进企业设计水平和管理水平的提高；四是研究发展基于 BIM 技术的集成设计系统，逐步实现建筑、结构、水暖电等专业的信息共享及协同；五是探索研究基于 BIM 技术的三维设计技术，提高参数化、可视化和性能化设计能力，并为设计施工一体化提供技术支撑；六是在施工阶段开展 BIM 技术的研究与应用，推进 BIM 技术从设计阶段向施工阶段的应用延伸，降低信息传递过程中的衰减；七是研究基于 BIM 技术的 4D 项目管理信息系统在大型复杂工程施工过程中的应用，实现对建筑工程有效的可视化管理。

同时，要求发挥行业协会四个方面的服务作用：一是组织编制行业信息化标准，规范信息资源，促进信息共享与集成；二是组织行业信息化经验和技术交流，开展企业信息化水平评价活动，促进企业信息化建设；三是开展行业信息化培训，推动信息技术的普及应用；四是开展行业应用软件的评价和推荐活动，保障企业信息化的投资效益。

2014 年 7 月 1 日，住建部发布的《关于推进建筑业发展和改革的若干意见》中要求，提升建筑业技术能力，推进建筑信息模型（BIM）等信息技术在工程设计、施工和运行维护全过程的应用，提高综合效益。

2014 年 9 月 12 日，住建部信息中心发布《中国建筑施工行业信息化发展报告（2014）——

BIM应用与发展》。该报告突出了BIM技术时效性、实用性、代表性、前瞻性的特点,全面、客观、系统地分析了施工行业BIM技术应用的现状,归纳总结了在项目全过程中如何应用BIM技术提高生产效率、带来管理效益,收集和整理了行业内的BIM技术最佳实践案例,为BIM技术在施工行业的应用和推广提供了有利的支撑。

为贯彻落实《中共中央 国务院关于进一步加强城市规划建设管理工作的若干意见》及《国家信息化发展战略纲要》,进一步提升建筑业信息化水平,住建部2016年8月23日发布了《2016—2020年建筑业信息化发展纲要》。《2016—2020年建筑业信息化发展纲要》指出,建筑业信息化是建筑业发展战略的重要组成部分,也是建筑业转变发展方式、提质增效、节能减排的必然要求,对建筑业绿色发展、提高人民生活品质具有重要意义。建筑业信息化的发展目标:"十三五"时期,全面提高建筑业信息化水平,着力增强BIM、大数据、智能化、移动通信、云计算、物联网等信息技术集成应用能力,建筑业数字化、网络化、智能化取得突破性进展,初步建成一体化行业监管和服务平台,数据资源利用水平和信息服务能力明显提升,形成一批具有较强信息技术创新能力和信息化应用达到国际先进水平的建筑企业及具有关键自主知识产权的建筑业信息技术企业。

2014年10月29日,上海市政府转发上海市建设管理委员会《关于在本市推进建筑信息模型技术应用的指导意见》。首次从政府行政层面大方推进BIM技术的发展,并明确规定:2017年起,上海市投资额1亿元以上或单体建筑面积2万平方米以上的政府投资工程、大型公共建筑、市重大工程,申报绿色建筑、市级和国家级优秀勘察设计、施工等奖项的工程,实现设计、施工阶段BIM技术应用;世博园区、虹桥商务区、国际旅游度假区、临港地区、前滩地区、黄浦江两岸等六大重点功能区域内的此类工程,全面应用BIM技术。上海关于BIM的通知,做了顶层制度设计,规划了路线图,力度大、可操作性强,为全国BIM的推广做了示范,堪称"破冰",在中国BIM界引来一片叫好声。

广东省住建厅2014年9月3日发出《关于开展建筑信息模型BIM技术推广应用的通知》,要求2014年底启动10项BIM;2016年底政府投资2万平方米以上的大型公共建筑以及申报绿建项目的设计、施工应采用BIM,省优良样板工程、省新技术示范工程、省优秀勘察设计项目在设计、施工、运营管理等环节普遍应用BIM技术;到2020年底广东省建筑面积2万平方米及以上建筑工程项目普遍应用BIM技术。

深圳市住建局2011年12月公布的《深圳市勘察设计行业"十二五"专项规划》提出,"推广运用BIM等新兴协同设计技术"。为此,深圳市成立了深圳工程设计行业BIM工作委员会,编制出版《深圳市工程设计行业BIM应用发展指引》,牵头开展BIM应用项目试点及单位示范评估,促使将BIM应用推广计划写入政府工作白皮书和《深圳市建设工程质量提升行动方案(2014—2018年)》。深圳市建筑工务署根据2013年9月26日深圳市政府办公厅发出的《智慧深圳建设实施方案(2013—2015年)》的要求,全面开展BIM应用工作,先期确定创投大厦、孙逸仙心血管医院、莲塘口岸等为试点工程项目。2014年9月5日,深圳市决定在全市开展为期5年的工程质量提升行动,将推行首席质量官制度、新建建筑100%执行绿色建筑标准;在工程设计领域鼓励推广BIM技术,力争5年内BIM技术在大中型工程项目覆盖率达到10%。

山东省政府办公厅2014年7月30日发布的《关于进一步提升建筑质量的意见》要求,推广BIM技术。

工程建设是一个典型的具备高投资与高风险要素的资本集中过程,一个质量不佳的建筑工程不仅造成投资成本的增加,还将严重影响运营生产,工期的延误也将带来巨大的损失。BIM技术可以改善因不完备的建造文档、设计变更或不准确的设计图纸而造成的每一个项目交付的延误及投资成本的增加。它的协同功能能够支持工作人员在设计的过程中看到每一步的结果,并通过计算检查建筑是否节约了资源,或者说利用信息技术来考量对节约资源产生多大的影响。它不仅使得工程建设团队在实物建造完成前预先体验工程,更产生一个智能的数据库,提供贯穿于建筑物整个生命周期中的支持。它能够让每一个阶段都更透明、预算更精准,更可以被当作预防腐败的一个重要工具,特别是运用在政府工程中。值得一提的是,中国第一个全BIM项目——总高632m的"上海中心",通过BIM提升了规划管理水平和建设质量,据有关数据显示,其材料损耗从原来的3%降低到万分之一。

但是,如此"万能"的BIM正在遭遇发展的瓶颈,并不是所有的企业都认同它所带来的经济效益和社会效益。

现在面临的一大问题是BIM标准不完善,建立一个适用性强的标准化体系迫在眉睫。应该树立正确的思想观念:BIM技术10%是软件,90%是生产方式的转变。BIM的实质是改变设计手段和设计思维模式。虽然资金投入大,成本增加,但是只要全面深入分析产生设计BIM应用效率成本的原因和把设计BIM应用质量效益转换为经济效益的可能途径,再大的投入也值得。技术人员匮乏,是当前BIM应用面临的另一个问题,现在国内在这方面仍有很大缺口。地域发展不平衡,北京、上海、广州、深圳等工程建设相对发达的地区,BIM技术有很好的基础,但在东北、内蒙古、新疆等地区,设计人员对BIM却知之甚少。

随着技术的不断进步,BIM技术也和云平台、大数据等技术产生交叉和互动。上海市政府就对上海现代建筑设计(集团)有限公司提出要求:建立BIM云平台,实现工程设计行业的转型。据了解,该BIM云计算平台涵盖二维图纸和三维模型的电子交付,2017年试点BIM模型电子审查和交付。现代集团和上海市审图中心已经完成了"白图替代蓝图"及电子审图的试点工作。同时,云平台已经延伸到BIM协同工作领域,结合应用虚拟化技术,为BIM协同设计及电子交付提供安全、高效的工作平台,适合市场化推广。

2.3　BIM技术应用价值

➢ 2.3.1　基于BIM的工程设计

作为一名建筑师,首先要真实地再现他们脑海中或精致,或宏伟,或灵动,或庄重的建筑。在使用BIM之前,建筑师们很多时候是通过泡沫、纸盒做的手工模型展示头脑中的造型、创意,相应调整方案的工作也是在这样的情况下进行的,由创意到手工模型的工作需要较长的时间,而且设计师还会反复多次在创意和手工模型之间进行工作。

对于双重特性项目,只有采用三维建模方式进行设计,才能避免许多二维设计后期才会发现的问题。采用基于BIM技术的设计软件做支撑,以预先导入的三维外观造型做定位参考,在软件中建立内部建筑功能模型、结构网架模型、机电设备管线模型,实现了不同专业设计之间的信息共享,各专业设计可从信息模型中获取所需的设计参数和相关信息,不需要重复录入数据,避免数据冗余、歧义和错误。

由于 BIM 模型其真实的三维特性,它的可视化纠错能力直观、实际,对设计师很有帮助,这使施工过程中可能发生的问题,提前到设计阶段来处理,减少了施工阶段的反复,不仅节约了成本,更节省了建设周期。BIM 模型的建立有助于设计对防火、疏散、声音、温度等相关的分析研究。

BIM 模型便于设计人员跟业主进行沟通。二维和一些效果图软件只能制作效果夸张的表面模型,缺乏直观逼真的效果;而三维模型可以提供一个内部可视化的虚拟建筑物,并且是实际尺寸比例,业主可以通过电脑里的虚拟建筑物,查看任意一个房间、走廊、门厅,了解其高度构造、梁柱布局,通过直观视觉的感受,确定建筑业态高度是否满意,窗户是否合理,在前期方案设计阶段通过沟通提前解决很多现实当中的问题。

➤ 2.3.2　基于 BIM 的施工及管理

基于 BIM 进行虚拟施工可以实现动态、集成和可视化的 4D 施工管理。将建筑物及施工现场 3D 模型与施工进度相链接,并与施工资源和场地布置信息集成一体,建立 4D 施工信息模型。实现建设项目施工阶段工程进度、人力、材料、设备、成本和场地布置的动态集成管理及施工过程的可视化模拟,以提供合理的施工方案及人员、材料使用的合理配置,从而在最大范围内实现资源合理运用。在计算机上执行建造过程,虚拟模型可在实际建造之前对工程项目的功能及可建造性等潜在问题进行预测,包括施工方法实验、施工过程模拟及施工方案优化等。

➤ 2.3.3　基于 BIM 的建筑运营维护管理

综合应用 GIS 技术,将 BIM 与维护管理计划相链接,实现建筑物业管理与楼宇设备的实时监控相集成的智能化和可视化管理,及时定位问题来源。结合运营阶段的环境影响和灾害破坏,针对结构损伤、材料劣化及灾害破坏,进行建筑结构安全性、耐久性分析与预测。

➤ 2.3.4　基于 BIM 的全生命周期管理

BIM 的意义在于完善了整个建筑行业从上游到下游的各个管理系统和工作流程间的纵、横向沟通和多维性交流,实现了项目全生命周期的信息化管理。BIM 的技术核心是一个由计算机三维模型所形成的数据库,包含了贯穿于设计、施工和运营管理等整个项目全生命周期的各个阶段,并且各种信息始终是建立在一个三维模型数据库中。BIM 能够使建筑师、工程师、施工人员以及业主清楚全面地了解项目:建筑设计专业可以直接生成三维实体模型;结构专业则可取其中墙材料强度及墙上孔洞大小进行计算;设备专业可以据此进行建筑能量分析、声学分析、光学分析等;施工单位则可根据混凝土类型、配筋等信息进行水泥等材料的备料及下料;开发商则可取其中的造价、门窗类型、工程量等信息进行工程造价总预算、产品订货等。

中国建筑科学研究院副总工程师李云贵认为:"BIM 在促进建筑专业人员整合、改善设计成效方面发挥的作用与日俱增,它将人员、系统和实践全部集成到一个流程中,使所有参与者充分发挥自己的智慧和才华,可在设计、制造和施工等所有阶段优化项目成效,为业主增加价值、减少浪费并最大限度提高效率。"

基于 BIM 的建设工程全生命周期管理如图 2-8 所示。

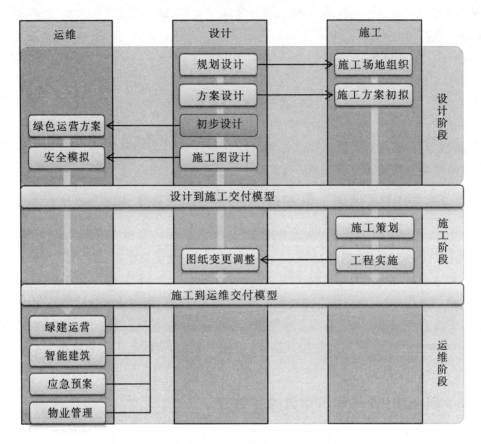

图 2-8　基于 BIM 的建设工程全生命周期管理

➤ 2.3.5　基于 BIM 的协同工作平台

BIM 具有单一工程数据源,可解决分布式、异构工程数据之间的一致性和全局共享问题,支持建设项目生命期中动态的工程信息创建、管理和共享。工程项目各参与方使用的是单一信息源,确保信息的准确性和一致性。实现项目各参与方之间的信息交流和共享。从根本上解决项目各参与方基于纸介质方式进行信息交流形成的"信息断层"和应用系统之间的"信息孤岛"问题。

连接建筑项目生命期与不同阶段数据、过程和资源的一个完善的信息模型是对工程对象的完整描述。建设项目的设计团队、施工单位、设施运营部门和业主等各方人员可共用,进行有效的协同工作,节省资源、降低成本以实现可持续发展。促进建筑生命期管理,实现建筑生命期各阶段的工程性能、质量、安全、进度和成本的集成化管理,对建设项目生命期总成本、能源消耗、环境影响等进行分析、预测和控制。

模块 3
工程项目决策与设计阶段 BIM 应用

建设工程项目各生命周期特点不同且联系紧密,建筑信息尤为重要,各阶段管理中信息量大,准确率也要相应提高,把复杂的建筑物分析和各个部门之间的联系、沟通得到的结果统一化是管理过程中必要的工作。本章主要分析工程项目全生命期中决策与设计阶段的内容、市场目前存在的问题以及运用 BIM 技术可以给项目管理带来的积极优势,并探讨运用 BIM 的步骤和方法。

3.1 工程项目策划阶段 BIM 应用

➤ 3.1.1 策划阶段的主要内容

前期策划是全生命周期管理的首要内容,在建设意图确定之后,项目管理者需要收集各类项目资料,对各类情况进行调查,研究项目的组织、管理、经济和技术等,进而得出科学、合理的项目方案,为项目建设指明正确的方向和目标。在项目立项之前进行的是决策策划,这一阶段通过项目建议书与可行性研究作为项目审批依据,但在具体项目中,往往为了立项报批使可行性研究的真实性、可靠性大打折扣,信息量不足成为做出正确决策的障碍。项目立项后进入实施策划阶段,这时需要对项目实施后所涉及的各方面问题分析计划,例如项目的组织结构、合同结构、成本分析、技术要求及风险分析,以期在项目具体实施时能更具系统性和可行性,避免过程中的盲目无序。

前期策划阶段的主要工作任务包括:建设环境和条件调查分析,项目建设可行性分析,项目功能分析与面积分配,项目组织、管理、经济、技术方面的论证,项目决策风险分析。

1. 环境调查分析

环境调查是项目决策的基础环节,充分的环境调查是策划的重要依据,甚至可以避免错误结论的产生。因此,环境调查最重要的是以项目为基本出发点,对项目实施中可能涉及的所有环境因素进行系统性分析,以影响项目的关键因素为调查重点,特别要对项目策划和实施所要依据的内容作为重点关注对象进行深入调查。

项目环境调查分析的工作范围具体包括项目周边的自然环境和条件、开发时的市场环境、宏观经济环境、政策环境及建筑建设环境等。项目管理者可以通过现场实地考察、相关部门走访、人员访谈、文献研究或者问卷调查等方式对上述方面调查分析,最终得出环境调查分析报告,为策划提供具体依据。

2. 项目可行性分析

可行性分析是指在土地资源和市场分析基础上,通过建设规模、项目产品方案、主要采用的建筑材料和工艺、项目的投资回报、投资额及投资时长、对周边产生的社会效益等的研究和论证,拟定项目建设方向。

对于建设单位,前期确定的越多、越准确,后期带来的收益越大越可控。以商业地产为例,前期应对哪几个方面进行把控呢?对一个商业地产项目来说,在地段和规划指标确定以后,影响项目收益的有以下几点内容:

(1)建筑的外观与性能。

建筑的外立面效果是建筑的直接观察点,对于外界因素的整体影响、地标性甚至租售价格都相互关联。这时需要考虑的是区域类别、区域功能、面向租售群体的定位等。而绿色建筑也直接影响投资的多少,往往这个时候,为了达到政府审批,或者盲目追求效果,带来的是大投入小产出。设计方也因为市场化而追求最大化的利润,往往建筑本身设计得"光鲜亮丽",却导致施工难度增加、投入增大、工期加长等隐患。所以绿色建筑是必不可少的条件,最大限度地节约能源,既减少了投资,又保护环境减少污染。

(2)租售与可利用面积。

租售的状态直接影响着投资回报,从建筑合理的设计、面积的使用最大化、公摊面积的节约等入手是最直接的办法。在可行性研究报告中可以不体现这些细节,但作为开发单位,应把这些细节落实到位,比如房间朝向、景观、商业的便利性与综合汇集等。

(3)节能性。

后期的维护与运营是建设项目生命期中时间最长的一部分,持续性地能源消耗。机电设备需在达到最佳使用性能指标的前提下能源消耗最小。

(4)建筑信息留存。

往往建筑物竣工后,剩下的资料不完整,经常会遇到局部水管突发断裂,找不到截门的时候,最后需要整体项目停止用水,整体泄水才能够维修。在项目融资时,也需要一套完整的、清晰的、准确的信息作为依据,信息不齐全的项目融资时价值评估往往不会很高。现今一般建筑信息由效果图、照片、CAD图纸、工程资料、财务及预算表格等组成。

在实际项目开发前期的可行性研究阶段,以上的内容在管理中却很难把控。例如,建筑外立面材料的选择,如玻璃幕墙、铝板幕墙、石材幕墙、二次结构的涂料幕墙等,首先确定项目产品是高档、中档、低档,然后根据材料不同、做法不同来比较差异,常规来说,此时没有准确的图纸依据,因此经常采用效果图的方式对效果进行对比,以经验数据对成本进行评估,对于材料做法、龙骨、玻璃厚度均无法考虑全面。而BIM建模,通过渲染就能够等比例地显示建筑物在周围的环境中不同幕墙带来的不同效果,同时BIM建模时对幕墙的定义也可以采用构件的形式表达,龙骨、保温等材料也可较为详细地统计出来。这有助于建设项目早期的成本测算,决策人通过外形、成本、收益等综合判断可行性。

3. 项目功能分析与面积分配

这部分内容要求管理者明确项目的总体功能和具体功能。基于整个宏观经济、区域经济、地域规划的宏观功能定位对项目建设具有指导性意义,在此基础上分析项目的具体功能,即项目建成运营后应该具备的功能、提供的具体设施服务等,要注意的是项目具体功能分析应从建成后运营使用的活动主体的需求出发。项目功能区划分和面积分配就是对功能定位的总结和实施,根据各功能区在项目中的重要程度及其所提供功能的范围,对各功能区进行详细的面积分配。

4. 项目的组织、管理、经济、技术策划

组织策划包括项目的组织结构分析、任务分工及管理职能分工,确定项目实施各阶段的项目管理工作内容。

管理策划主要包括制定建设期、运行期以及经营期管理总体方案,在实施阶段进行"三控两管一协调"。

经济策划主要包括进行建设成本和建设效益分析,制订项目投融资方案,编制资金需求量计划,进行投资估算及融资方案深化分析等。

技术策划是指在项目控制中从技术方面对有关的工作环节和方案进行深化分析和论证,或者进行调整、变更,以确保目标完成。另外,要从根本上明确技术标准和规范的应用和制定。

5. 项目风险分析

项目风险分析即对决策期和实施期的政策风险、政治风险、技术风险、经济风险、管理风险和组织风险等进行分析。

▷ 3.1.2　策划阶段存在的问题

我国的大型项目都非常重视前期策划,在策划阶段中有一个多重反馈的过程,要不断地进行调整、修改、优化,甚至放弃原定的构思、目标或方案。策划工作对方案进行不断优化,保证了项目的实施和运营,但在其中也出现了一些问题。

1. 方案和财务数据之间完全没有关联

通过项目策划进行的方案选择和优化很大程度只是考虑了项目的功能性需要,而对建设成本及投资估算缺乏考虑,这就使设计方案与财务数据之间完全脱节,往往会导致后期方案实施过程中出现成本过高的问题。

2. 设计方案缺少合理工具解决功能和投资收益最大化问题

由于设计方案与财务脱节,因此很难把握项目的成本收益,在决策方案指导下进行投资建设能否获得与方案相符的收益成为一大问题。

3. 决策的技术、经济等缺少直观的数据支撑

对技术、经济等的策划只能是"纸上谈兵",项目具体实施后才能与实际情况做比较,并没有直观的数据进行比较分析,如果策划内容与项目具体建设要求相差较大,就必须重新论证分析,造成资源浪费,影响项目建设。

▷ 3.1.3　BIM 在前期策划中的应用

基于前期策划所遇到的问题,引入 BIM 技术得到了有效的解决。BIM 在前期策划阶段的应用内容主要包括现状建模、场地分析、成本核算、方案决策数据支撑、总体规划等。

在概念构思前期,项目场地、气候条件、规划条件等多方面信息会影响方案的决策,利用 BIM 技术平台结合 GIS 及相关的分析软件可以对设计条件进行判断分析,找出对项目影响最大的因素,使项目在策划阶段就朝着最有效的方向努力并做出适当的决策。在成本核算方面,可以利用以往的 BIM 模型的数据,估算出投资这样一个项目大概需要多少费用。通过 BIM 建模对项目做出总体规划,并得出大量的直观数据作为方案决策的支撑。

BIM的价值是通过可视化的互动漫游,对项目与周边环境的关系、朝向可视度、形体、色彩等进行比较,同时对经济指标等进行分析对比,解决功能与投资矛盾的决策,使策划方案更加合理,对下一步的方案与设计提供直观、带有数据支撑的依据。

➢ 3.1.4 案例分析

1.项目概述——某科研综合楼工程BIM应用简介

项目建筑性能分析可以利用BIM对项目的景观、环境日照、风环境、噪声分析进行分析优化,提高项目品质,这些量化的数据也可以为建筑的销售和租赁提供科学的数据依据。

2.BIM应用点

(1)项目景观分析功能子模块。

BIM模型将环境位置精确定位,计算景观价值更高的可见性景观工程项目的位置。根据需要,对模型中任意的位置进行软件分析计算,从而得出景观物体在这些位置的景观可视度的情况,从而为项目的整体评估提供较全面、科学的依据,如图3-1所示。

(a)方案1

(b)方案2

(c)方案3

(d)方案4

图3-1 基于BIM软件的项目景观分析

(2)项目环境日照分析功能子模块。

建筑物日照间距不仅是住户的生活质量,也是控制建筑密度的有效途径之一。国家在建筑设计相关规范中制定了日照标准。BIM技术的引进,大大提高了日照分析的效率。场地受周围建筑遮挡严重,太阳辐射量呈南北梯度分布(南部区域遮挡严重,北部区域受遮挡较少),冬季尤其明显,如图3-2所示。

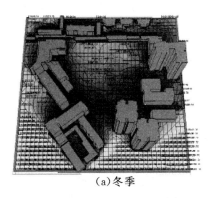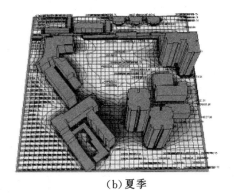

(a)冬季　　　　　　　　　　(b)夏季

图3-2　环境日照分析

(3)项目风环境分析功能子模块。

建筑住宅的高度密集化和高层化导致建筑物之间的风环境的相互作用变得越来越强。通过 BIM 技术与 CFD(computational fluid dynamics,计算流体动力学)技术的结合,对方案模型进行整体分析,得出地块内自然通风数据,再针对方案进行建筑内部气流组织分析,指导优化,如图 3-3 所示。由分析结果得出:建筑东西侧风压压差较小,不利于室内气流组织。

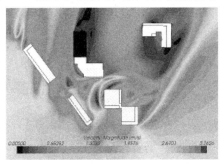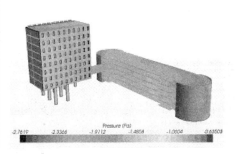

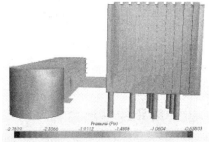

图3-3　BIM风环境分析

(4)项目环境噪声分析功能子模块。

项目环境噪声分析,就是把项目周边已存在的、我们无法改变的产生噪声比较大的噪声源放入项目模型中进行分析模拟,通过分析模拟和开窗形式优化,在窗墙比不变的情况下,通过对"窄高窗""宽矮窗"进行对比分析,优化开窗形式。使用"窄高窗",使自然采光效率提高7%。如图 3-4 所示。

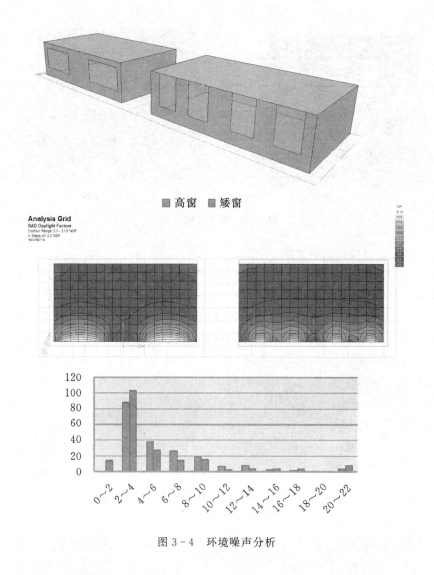

图 3-4　环境噪声分析

3.2　工程项目设计阶段 BIM 应用

➤ 3.2.1　设计阶段的主要内容

在建筑项目设计中实施 BIM 的最终目的是要提高项目设计质量和效率,从而减少后续施工期间的洽商和返工,保障施工周期,节约项目资金。其在建筑设计阶段的价值主要体现在以下五个方面:

(1)可视化(visualization):BIM 将专业、抽象的二维建筑描述通俗化、三维直观化,使得专业设计师和业主等非专业人员对项目需求是否得到满足的判断更为明确、高效,决策更为准确。

(2)协调(coordination):BIM 将专业内多成员、多专业、多系统间原本各自独立的设计成果(包括中间结果与过程),置于统一、直观的三维协同设计环境中,避免因误解或沟通不及时造成不必要的设计错误,提高设计质量和效率。

（3）模拟（simulation）:BIM将原本需要在真实场景中实现的建造过程与结果,在数字虚拟世界中预先实现,可以最大限度减少未来真实世界的遗憾。

（4）优化（optimization）:前面的三大特征,使得设计优化成为可能,进一步保障真实世界的完美。这点对目前越来越多的复杂造型建筑设计尤其重要。

（5）出图（documentation）:基于BIM成果的工程施工图及统计表将最大限度保障工程设计企业最终产品的准确、高质量、富于创新。

➤ 3.2.2 设计阶段存在的问题

建设项目的设计阶段是整个生命周期内最为重要的环节,它直接影响着建安成本以及运维成本,对工程质量、工程投资、工程进度,以及建成后的使用效果、经济效益等方面都有着直接的联系。

从初步设计、扩初设计到施工图的设计是一个变化的过程,是建设产品从粗糙到细致的过程,在这个进程中需要对设计进行必要的管理,从性能、质量、功能、成本到设计标准、规程,都需要去管控。方案阶段,对建筑形成初步的方案,包括建筑总平面、建筑设计图、设备专业设计说明等信息,这时对建设项目的容积率、公共绿地规划、建筑红线、建筑坐标以及电气、暖通、给排水等进行确定,而这些是影响建设项目最终成本的源头,对于这部分的管控措施极为重要。

1.设计沟通与协调难度大

设计过程参与单位众多,包括政府主管部门、建设单位、设计单位、管理咨询单位,如何高效地按建设单位要求完成设计,并取得有关政府主管部门的审核,并与其他相关设计或咨询单位对接,是目前设计过程一个重要的问题。

2.设计方案与后期施工图容易出现偏差

很多工程存在设计图纸和效果图分离、施工图与方案相差较大的现象,造成这种现象的原因主要是从策划到方案到施工图,往往是不同的单位和不同的决策个体,设计意图没有得到贯彻落实,主要在于各个环节的交流存在信息的流失,这种信息的流失一方面是没有一个很好的工具承载各类信息,另一方面不同设计人员对信息的理解不一,造成了方案到施工图越来越偏离前期策划的目标。

3.各专业之间沟通不彻底

设计过程各专业分别进行设计,互提条件,虽然从组织、流程上明确了分工和程序,但语言和二维图纸的沟通仍然显得苍白无力,致使各专业之间经常出现碰撞或错漏问题,这是目前设计图纸存在的一个重大问题,往往给后期施工带来各种不可预见性,以致在后期运营阶段没有一个统一的信息,增加了运营管理的难度。

4.复杂形体设计、出图难度大,复杂部位设计深度不够

针对目前建设项目体量越来越大、结构形式或建筑方案越来越复杂、涉及专业越来越多,常规的设计工具难以满足要求,同时对后期施工人员的图纸理解能力要求越来越高,尤其是现场的施工人员,完全理解设计师意图,研究清楚图纸成了一件高难度的工作。图纸是各方进行沟通的主要依据,图纸的理解不清必然导致各类质量、安全问题,甚至影响投资和工期,因此急需一个更加直观的方式来表达设计。

5.基于绿色建筑、装配式住宅等要求的精细化、参数化设计难度提高

随着建设行业的发展,绿色建筑、工业化住宅等新的建设要求的提出,对设计提出了更高的要求,首先要解决设计能否满足各项绿色建筑要求的问题,其次是装配式建筑要求设计的图纸必须满足施工要求,真正实现"照图施工"的前提就是设计无误。

▷ 3.2.3 BIM 在设计阶段的应用

基于 BIM 技术在设计方面的应用,可以充分发挥动态多维、参数化设计、模拟优化、可出图性等方面的优势,很好地解决以上问题。

1.方案论证

在方案论证阶段,项目投资方可以使用 BIM 来评估设计方案的布局、视野、照明、安全、人体工程学、声学、纹理、色彩及规范的遵守情况。BIM 甚至可以做到建筑局部的细节推敲,迅速分析设计和施工中可能需要应对的问题。

方案论证阶段还可以借助 BIM 提供方便的、低成本的不同解决方案供项目投资方进行选择,通过数据对比和模拟分析,找出不同解决方案的优缺点,帮助项目投资方迅速评估建筑投资方案的成本和时间。

对设计师来说,通过 BIM 来评估所设计的空间,可以获得较高的互动效应,以便从使用者和业主方获得积极的反馈。设计的实时修改往往基于最终用户的反馈,在 BIM 平台下,项目各方关注的焦点问题比较容易得到直观的展现并迅速达成共识,相应地,需要决策的时间也会减少。

2.可视化设计

3ds Max、SketchUp 这些三维可视化设计软件的出现有力地弥补了业主及最终用户因缺乏对传统建筑图纸的理解能力而造成的和设计师之间的交流鸿沟,但由于这些软件设计理念和功能上的局限,这样的三维可视化展现不论用于前期方案推敲还是用于阶段性的效果图展现,与真正的设计方案之间都存在相当大的差距。

对于设计师而言,除了用于前期推敲和阶段展现,大量的设计工作还是要基于传统 CAD 平台,使用平、立、剖等三视图的方式表达和展现自己的设计成果。这种由于工具原因造成的信息割裂,在遇到项目复杂、工期紧的情况下,非常容易出错。

BIM 的出现使得设计师不仅拥有了三维可视化的设计工具,所见即所得,更重要的是通过工具的提升,使设计师能使用三维的思考方式来完成建筑设计,同时,也使业主及最终用户真正摆脱技术壁垒的限制,随时知道自己的投资能获得什么。

3.协同设计

协同设计是一种新兴的建筑设计方式,它可以使分布在不同地理位置的不同专业的设计人员通过网络的协同展开设计工作。现有的协同设计主要是基于 CAD 平台,并不能充分实现专业间的信息交流,这是因为 CAD 的通用文件格式仅仅是对图形的描述,无法加载附加信息,导致专业间的数据不具有关联性。

BIM 使得协同不再是简单的文件参照,BIM 技术为协同设计提供底层支撑,大幅提升协同设计的技术含量。借助 BIM 的技术优势,协同的范畴也从单纯的设计阶段扩展到建筑全生命周期,需要规划、设计、施工、运营等各方的集体参与,因此具备了更广泛的意义,带来综合效益的大幅提升。

4.性能化分析

利用计算机进行建筑物理性能化分析始于20世纪60年代甚至更早在CAD时代,无论什么样的分析软件都必须通过手工的方式输入相关数据才能开展分析计算,而操作和使用这些软件不仅需要专业技术人员经过培训才能完成,同时由于设计方案的调整,原本就耗时耗力的数据录入工作需要经常性的重复录入或者校核,导致包括建筑能量分析在内的建筑物理性能化分析通常被安排在设计的最终阶段,成为一种象征性的工作,使建筑设计与性能化分析计算之间严重脱节。

利用BIM技术,建筑师在设计过程中创建的虚拟建筑模型已经包含了大量的设计信息(几何信息、材料性能、构件属性等),只要将模型导入相关的性能化分析软件,就可以得到相应的分析结果,原本需要专业人士花费大量时间输入大量专业数据的过程,通过BIM技术可以自动完成,大大降低了性能化分析的周期,提高了设计质量,同时,也使设计公司能够为业主提供更专业的技能和服务。

5.工程量统计

BIM是一个富含工程信息的数据库,可以真实地提供造价管理需要的工程量信息,借助这些信息,计算机可以快速对各种构件进行统计分析,大大减少了烦琐的人工操作和潜在错误,非常容易实现工程量信息与设计方案的完全一致。

通过BIM获得的准确的工程量统计可以用于前期设计过程中的成本估算、在业主预算范围内不同设计方案的探索或者不同设计方案建造成本的比较以及施工开始前的工程量预算和施工完成后的工程量决算。

6.管线综合

随着建筑物规模和使用功能复杂程度的增加,无论设计企业还是施工企业甚至是业主对机电管线综合的要求愈加强烈。利用BIM技术,通过搭建各专业的BIM模型,设计师能够在虚拟的三维环境下方便地发现设计中的碰撞冲突,从而大大提高了管线综合的设计能力和工作效率。这不仅能及时排除项目施工环节中可能遇到的碰撞冲突,显著减少由此产生的变更申请单,更大大提高了施工现场的生产效率,降低了由于施工协调造成的成本增长和工期延误。

3.3 案例分析

➢ 3.3.1 项目概述

某文化艺术中心大剧院工程位于某市,总占地面积约23公顷,总建筑面积约14万平方米,总投资约24.75亿元。主要建设内容包括大剧院、中心广场、市政配套设施、地下车库及室外景观工程,其中:大剧院7.5万平方米,其中歌剧厅1800座、音乐厅1500座、多功能厅500座;中心广场约2.4万平方米;市政配套设施及室外总体工程长524米;还有将近3.7万平方米的地下车库。见图3-5。

图 3-5　模型效果图

　　该项目方案出自法国设计大师,施工图由北京某设计院设计。项目设计异常复杂,在剧院类工程中规模较大,项目所涉及的专业多达二十多种,各专业交叉施工增加了施工难度。

　　建设单位就本工程提出三个要求:一是时间上保证在 2013 年 8 月底竣工(2011 年 1 月开工建设),确保 2013 年 10 月份投入使用;二是投资上要严格控制预算,通过优化设计、控制变更、减少返工等措施降低各种不必要的损失;三是工程质量在合格的前提下,争创鲁班奖。在这么短的时间内,要保质、保量、保安全地完成工程任务,对剧院类工程是一项非常严峻的挑战。为此,建设单位经考察研究,决定引进建筑业的新技术 BIM,可视化地辅助策划、规划设计、施工管理,同时作为一套完整的信息资料提交给后期的运营管理单位,为后期运营维护提供可视化指导。

➤ 3.3.2　BIM 应用点

1.设计方案论证

该项目进行了设计方案的论证,通过 BIM 建模的方式,选择方案,见图 3-6。

图 3-6　规划方案对比分析

2.设计建模与可视化设计和协同设计

该项目室内设计采用 800×400 的竹块,排布成如图 3-7 所示形状。施工单位在进行室内装饰施工时,缺乏有效的工具对室内排布的竹块进行定位,首先想到是采用 BIM 技术解决这一问题,采用犀牛软件进行建模,给每个竹块进行准确定位,同时将模型导入 Revit Architecture 进行数据分析,导出相应的龙骨加工图、安装定位图等,见图 3-8。部分构件实现了数字化加工与安装定位,不仅缩短了工期,而且大大提高了工程质量。

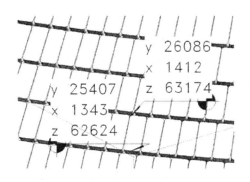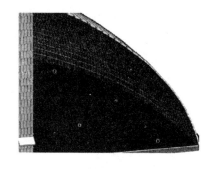

图 3-7　竹块定位图

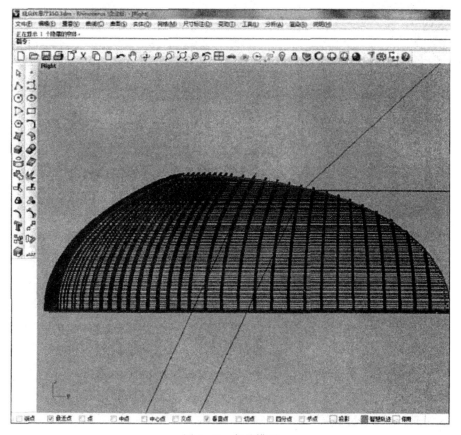

图 3-8　龙骨模型

3.碰撞检查

由于设计单位没有利用三维建模的方式进行设计,由管理咨询单位根据设计单位提供的设计图纸,应用 Revit、MEP 等软件平台分专业搭建建筑、结构及水、暖、电等各专业模型,利用 Navisworks 软件完成建筑结构、水暖电等专业的碰撞检查,见图 3-9。导出碰撞检查报告,将所有碰撞问题反映到二维图纸中,同时在三维模型中将所有问题标注清楚,交由设计单位进行修改调整,见图 3-10。剧院工程中共计检查出碰撞问题近千处,为项目工期和投资节约带来巨大效益。

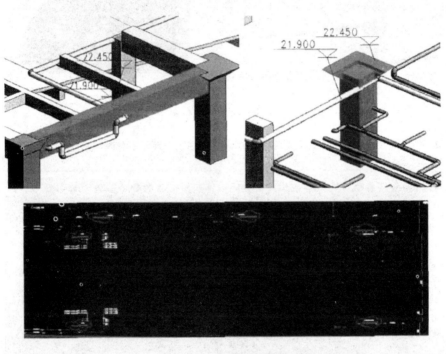

图 3-9　管线安装模型

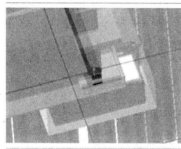	构件1:框架柱\KZ1＊\钢筋 构件2:框架梁\KL15(1)\(H＝3450～4150)\土建 楼层:0/－1 轴风:3(＋96mm)/A(＋225mm) 碰撞类型:活动问题 备注:	设计院回复意见:
	构件1:框架柱\KZ1＊\钢筋 构件2:框架梁\KL15(1)\(H＝3450～4150)\土建 楼层:0/－1 轴风:2(＋125mm)/A(＋225mm) 碰撞类型:活动问题 备注:	设计院回复意见:
	构件1:框架柱\KZ10＊\钢筋 构件2:框架梁\KL10(4)\(H＝3450～4150)\土建 楼层:0/－1 轴网:F(－178mm)/1—4(－53mm) 碰撞类型:活动问题 备注:	设计院回复意见:

图3-10　碰撞检测报告

4.工程量统计

基于BIM的工程量统计工作分三个阶段:第一是在施工图纸的基础上建完模型,利用Revit、Naviswork等软件搭建工程量统计BIM模型,统计主要材料工程量,为工程预算提供指导;第二是在施工过程中,通过BIM模型统计主要材料工程量,并按施工进度计划分阶段统计工程量,为材料和资金计划提供参考;第三是根据设计变更情况,及时跟踪修改模型,完成最终模型工程量统计,为工程结算提供参考。

模块 4

工程项目施工阶段 BIM 应用

　　随着我国经济的持续快速发展,城市化、工业化进程的不断加快,国家和地方政府十分重视建筑施工过程,致力于扩大建设规模,改进施工工艺,提高施工效率,这也导致建筑施工工程设计、施工管理难度越来越大,传统的以 AutoCAD 为主体的、以工程图纸为核心的设计施工管理模式不能满足高度复杂化的建筑施工工程的要求,急需寻找一些新的技术方法来取得新的进展。BIM 技术的引入为解决这些问题提供了新的方向。

　　与设计机构不同,施工单位在 BIM 技术的应用中较为主动。分析其原因,一方面由于目前的施工建设现状下,施工企业的效率较低,每年超过 30％的项目在实际施工过程需要返工。另一方面,施工企业的利润率较低,迫使他们急需寻找一种新的技术方法,降低施工成本,实现利润最大化。施工单位可直接利用设计单位提供的 BIM 信息模型,修改形成适用于施工阶段的实时模型,将施工计划与施工方案通过模型进行初步模拟,消除设计中隐藏的问题,优化施工进度,提高施工效率,减少窝工、返工现象,降低由于工程变更造成人力、物资的浪费,从而达到提高利润的目的。

　　目前,已有很多施工企业拥有自己的 BIM 团队,但实际应用仅停留在软件本身的应用上,随着 BIM 技术在施工阶段的应用发展及其优势的不断展露,会有更多的企业使用 BIM 技术。

　　设计阶段创建的 BIM 模型是施工阶段进行基于 BIM 技术的施工管理的基础。经过之前模块的介绍可知:创建的 BIM 模型中已有了拟建建筑的所有基本属性信息,如建筑的几何模型信息、功能要求、构件性能等。但要实现施工可视化,还需要创建针对具体施工项目的技术、经济、管理等方面的附加属性信息,如建造过程、施工进度、成本变化、资源供应等,如图 4 - 1所示。所以,完整地定义并添加附加属性信息于 BIM 模型中,是实现基于 BIM 技术施工进度管理的前提。本模块将结合不同类型的工程,展现 BIM 在施工阶段的应用。

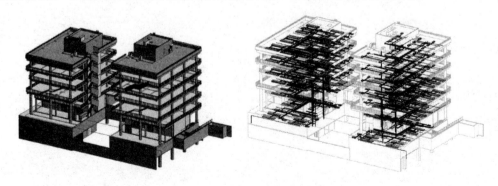

图 4 - 1　BIM 模型分解技术

4.1　施工阶段概述

　　工程施工是指工程建设实施阶段的生产活动,是各类建筑物的建造过程,也可以说是把设计图纸上的各种线条,在指定地点变成实物的过程。

　　现阶段的工程项目一般具有规模大、工期长、复杂性高的特点,而传统的工程项目施工中,主要利用业主方提供的勘察设计成果、二维图纸和相关文字说明,加上一些先入为主的经验,来进行施工建造。这些二维图纸及文字说明,本身就可能存在对业主需求的曲解和遗漏,导致工程分解时也会出现曲解和遗漏,加上施工单位自己对图纸及文字说明的理解,无法完整反映业主的真实需求和目标,结果出现提交工程成果无法让业主满意的情况。

　　在施工实践中,工程项目通常需要众多主体共同参与完成,各分包商和供应商在信息沟通时,一般采用二维图纸、文字、表格图表等进行沟通,使得在沟通中难于及时发现众多合作主体在进度计划中存在的冲突,导致施工作业与资源供应之间的不协调、施工作业面相互冲突等现象,影响工程项目的圆满实现。

　　在施工阶段,将投入大量的人力、物力、财力来完成施工。施工过程中,对施工质量的控制、施工成本的控制、施工进度的控制非常重要。一旦出现分部分项工程完工后再需要更改的,将会产生重大的损失。

　　通过以上简单的描述,在现阶段的施工过程中存在以下问题:项目信息丢失严重,施工进度计划存在潜在的冲突,过程进度跟踪分析困难,施工质量管控困难,沟通交流不畅,等等,这些问题都导致施工企业管理的粗放、施工企业生产力不高、施工成本过高等现状。

　　通过对 BIM 技术在前期规划和设计阶段应用方向的了解,BIM 必然逐渐向工程建设专业化、施工技术集成化以及交流沟通信息化等方向发展。BIM 正在改变当前工程建造的模式,推动工程建造模式向以数字建造为指导的新模式转变。BIM 技术以数字建造为指导的工程建设模式具有以下特点,如图 4-2 所示。

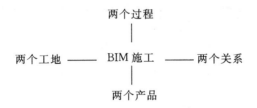

图 4-2　BIM 数字建造过程特点

　　1. 两个过程

　　在 BIM 技术支持下,工程建造活动包括两个过程:一个是物质建造过程,一个是管理数字化、产品数字化的建造过程。

　　2. 两个工地

　　与过程建造活动数字化过程和物质化过程相对应,同时存在着数字化工地和实体工地两个工地。

3.两个关系

以数字建造为指导的建造模式,越来越凸显建造过程的两个关系,即先试与后造的关系,后台支持与前台操作的关系。

4.两个产品

基于 BIM 的建造过程,工程交付应该有两个产品,不仅仅交付于物质的产品,同时还交付一个虚拟的数字产品。

BIM 技术作为一种全新的工程信息化协同管理方式,它颠覆了传统的施工管理模式,最大限度地节约资源(节能、节地、节水、节材)、保护环境和减少污染等。同时它已经成为施工企业提升自身核心价值竞争力的手段,本模块将以案例的方式介绍 BIM 在不同类型工程建设中的应用。

4.2 BIM 在不同类型项目中的应用

➢ 4.2.1 工业与房屋建筑

BIM 技术在刚刚引入中国的时候,主要还是在一些大型国企及特级企业施工中应用,并且还只是集中在 BIM 技术中的某单项功能,并没有普遍将 BIM 数据和管理应用到整个施工过程中。但是,随着 BIM 技术的不断成熟,越来越多的工业与房屋建筑项目在施工阶段采用了 BIM 技术,解决了传统施工管理手段存在的问题与弊端,且可以使建筑工程在整个进程中减少风险、提高效率。

现阶段,BIM 在工业与房屋建筑施工阶段的主要应用包括以下五个方面,如图 4-3 所示。

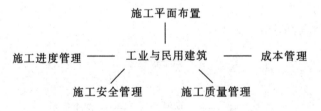

图 4-3 BIM 在工业与房屋建筑施工阶段主要应用点

1.BIM 在建筑施工平面布置中的应用

施工平面布置是房屋工程项目施工的前提,较好的施工平面布置图能从源头减少布置的安全隐患,有利于工程项目后期的施工管理,一定程度降低成本、提高项目利益。据统计,房建工程施工利润仅占建筑成本的 $10\%\sim15\%$,若能够对施工平面布置设计出一个最佳的方案,这将直接提高工程的利润率,降低成本,实现多方利益的最大化。

(1)传统的施工平面布置。

从过往的实践情况来看,传统的施工平面布置通常是由相关人员在投标时借助自身经验和推断而设计出来的,它是工作人员在编制方案时,在初步了解整个工程的基本情况和周边建设环境的基础上绘制而成。而在实际执行时,工程的平面布置往往是由施工单位的现场技术人员进行布置的,他们通常不会以前面投标文件中的设计方案为蓝本,而是在实际执行过程中加入自身经验进行改变。

出于施工平面布置制作过程的随意性,这种方案大多是依照设计人员的主观经验和想法,缺乏科学性,且很难在设计时跳出自身思维局限性来发现其可能存在的缺陷。同时,工程建设并不是一个一成不变的静态过程,它随时会随着现场情况变化或者突发状况而调整。因此如果依葫芦画瓢地按照静态平面布置图进行建设的话,便会导致工程与实际状况相悖,导致工程不得不停滞甚至重新设计,浪费大量的建设材料和人工成本,加大工程的工作量,提高成本,使收益率降低。这样不合理的平面布置方案甚至会导致安全隐患,带来更大的损失。因此,传统的施工平面布置方法已经逐渐被市场淘汰。

(2)BIM应用于施工平面布置。

为了对施工进行科学的管理,将房建工程按不同的性质和组成部分分为地基与基础工程、主体结构工程以及装饰装修工程三个分类和组成部分进行分析。分别对这三个不同施工过程进行单独的施工平面布置设计,使过程的平面布置设计更加灵活,可变动性加强,以此达到对整个施工过程的动态掌控。不同施工阶段的主要施工特征以及相应的平面布置要点如表4-1所示。

表4-1 不同阶段的主要施工特征及布置要点

施工阶段	主要施工特征	场地布置要点
地基与基础	土方量大,地基承载力较低	可供使用的土地相对较少
主体结构	施工工艺重复性大,工序、工种多, 需要的材料机具种类多,施工期较长	可利用的土地相对较充裕
装饰装修	工种工序多,但每个工种施工期较短, 施工场地混乱,材料堆放较少	场地布置较宽裕,外围材料堆放较少

采用BIM技术进行房建工程平面布置时,分别对三个不同的施工过程进行平面布置方案设计,由此来对施工过程中的三个不同阶段执行不同的平面布置方案,借助BIM来分析各个设计之间可能存在的矛盾,如图4-4所示。

图4-4 BIM在施工场地布置应用

2. BIM 在建筑成本管理中的应用

建筑施工企业成本管理是指建筑企业生产过程中各项成本核算、分析、决策和控制等一系列科学管理行为的总称。项目成本管理中的关键工作是确定工程量、价格数据和消耗量指标等工作。成本的核算、分析、决策和控制都离不开工程量与价格的确定。

（1）传统技术下的成本管理。

成本管理的实质是对人、材、机的管理。在计划经济体制下，由于工程量较小、劳动力充足，采用对人、材、机统一的计费标准形式，从一定程度上发挥了该形式的优越性。但是随着改革开放的不断深入、市场经济的不断发展，现场的施工项目越来越复杂，成本管理工作已不是人、材、机费用的简单叠加，特别是面对建设周期较长、工程量较大的项目经常发生量和价的变更和调整，以致实际成本和目标成本相偏离，最终导致建筑施工企业很难控制成本。

而在出现计算机技术以后，特别是相关造价软件如广联达、神机妙算等的诞生，从一定程度上减少了造价工程师的工作量，但是仍然存在着价量分离、准确率不高、工作效率较低的情况，特别是在工期吃紧的情况下，对大型项目中成本数据的随时调用存在挑战。

（2）BIM 技术下施工阶段全过程的成本管理。

成本控制一直贯穿于建筑施工阶段的全过程，从编制投标文件到签订合同，再到施工阶段工程造价中工程计量、变更协商，一直到最后的竣工结算和决算过程都离不开成本的控制，在该过程中运用 BIM 信息技术能全面提升建筑企业成本管理水平和核心竞争力，提高工作效率，实现建筑施工企业的利润最大化。

①基于 BIM 技术算量应用。

BIM 技术建立的三维模型数据库的特征在于对建筑中对应的数据直接读取，汇总与统计，并根据已有的计量规则产生数据表，如图 4-5 所示。因此，在此基础上统计的数据是准确无误的。同时，BIM 技术能通过计算机技术构建模型数据库，以集成建筑施工企业所有的施工信息，服务建筑施工企业建造建筑的全过程，达到"一模多用"的目的。

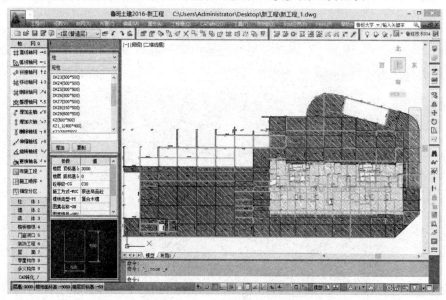

图 4-5　基于 BIM 技术算量应用

②基于 BIM 技术的工程变更管理应用。

在实际项目中,由于非施工单位的原因经常出现量与价的调整而最终导致变更的情况相当普遍。在传统方式下,只要出现变更,施工单位的成本就得重新计算一次,随之而来的便是烦琐重复的劳动。而 BIM 能根据造价规则自动重新计算造价,实时计算,无须重复统计,极大地减少了造价工程师的工程量,如图 4-6 所示。

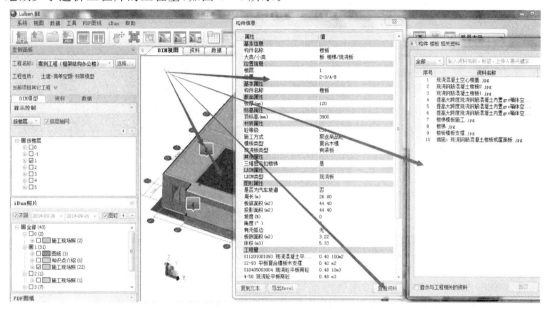

图 4-6　三维识图与工程量、资料

③基于 BIM 技术的进度款管理应用。

针对房建行业特点,施工单位在项目上所投资金往往根据工程进度分段收回,当达到某里程碑事件时,施工单位便要求业主按照合同支付进度款,而项目的成本通常是随施工进度而存在变化的。在传统模式下,索要进度款时需要将各类变更所形成的成本与预计投入重新计算,计算过程十分烦琐,而 BIM 能将 4D、5D 技术应用到工程进度款的支付当中,对建筑施工企业的成本控制具有预估的作用,如图 4-7 所示。项目开始前,建筑施工企业可通过 4D 技术模拟施工进度,为资金的流转做好更充足的准备,在项目开始后,可以随时根据工程的进度计算成本。这种成本和进度相结合的模式为向业主索要进度款提供了科学的依据。

3. BIM 在建筑施工进度管理中的应用

(1)传统进度控制存在的问题。

①因设计的原因带来的进度管理障碍。

首先,在进行施工以前,设计本身往往存在缺陷。通常一个建筑项目,将所有专业的图纸加起来有近百张,有时面对大型项目则达到上千张,建筑信息含量无疑是巨大的,所以设计者和审图者难免会出现错误。其次,由于各个专业都是独立完成设计的,所以将不同专业的二维图纸中的成果展现在空间上必然会出现碰撞交叉。因此,如果上述问题没有在设计阶段被发现,那么势必会对已安排好的工程进度产生影响。

②因不合理的进度计划造成的进度管理问题。

现场施工环境是复杂多变的,建筑工程产品本身就是一次性的,每个项目都有不同的特

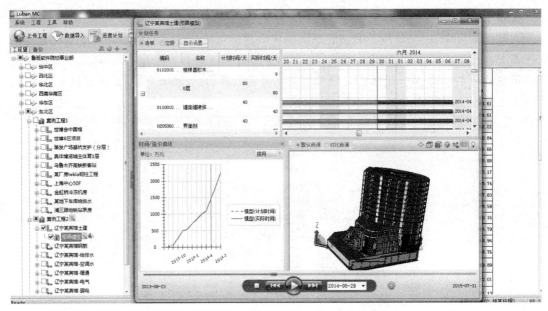

图 4-7 工序、产值、形象进度 5D 虚拟

点,这就要求项目计划编制人员具有很好的进度管理经验。但是由于施工项目进度的变化和个人的主观性,难免会出现进度计划不合理的地方,这将导致未来的施工不能顺利进行。

(2)基于 BIM 技术的施工进度管理应用。

建筑施工企业项目进度管理是在建筑建造过程中各项目完成的期限内所进行的管理,其内容是进行工程项目的作业分配、进度控制、偏离矫正,在 BIM 的应用下具体工作如下:

①科学的作业分配。

BIM 模型的应用能为作业分配提供科学依据。工程进度安排最为重要的依据是工程量,而工程量的计算一般情况下是采用手工汇编的方式完成的,该方法不仅不精确,而且烦琐复杂,但在 BIM 软件平台下,该工作变得更加简单。通过 BIM 软件统计的数据,可准确算出施工阶段不同时段所需的材料用量,然后结合计价规范、定额和企业的施工水平就可计算出所需的劳动力、材料用量、机械台班数。

②实时的校正偏离和动态的进度控制。

项目施工是动态的,项目的管理也是动态的,在进度控制过程中,可以通过 4D 可视化的进度模型与实际施工进度进行比较,直观地了解各项工作的执行情况。当现场施工情况与进度计划有出入时,可以通过 4D BIM 模型将进度计划与施工现场情况进行比对,如图 4-8 所示,调整进度,增强建筑施工企业的进度控制能力。

4. BIM 在建筑施工质量管理中的应用

(1)传统模式下工程项目管理存在的问题。

建筑工程质量历来为人们所关注,建筑质量的好坏不仅影响建筑产品的功能,而且还直接关系着人身安全。随着科技的进步、建筑材料的不断创新与建造工具的不断升级,施工工程中质量通病问题等都得到了有效的解决和应对,但仍然有许多常见的问题没有得到解决,工程质量管理的问题主要表现在:施工人员专业素质不达标,不按设计图纸、强化施工,不能准确预计施工完成后的质量效果,等等。

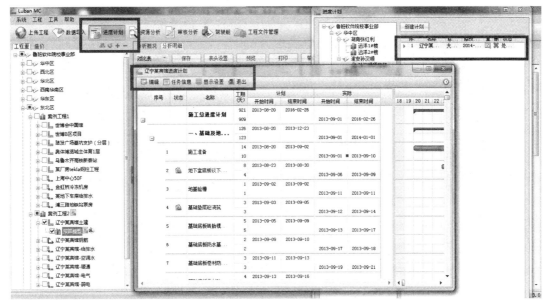

图 4-8　进度计划比较分析

（2）基于 BIM 的质量管理应用。

就建筑物料质量管理而言，BIM 模型存储了大量的建筑构件、设备信息。通过 BIM 平台，各部门工作人员可以根据模型快速查到材料及构配件的模型、材质、尺寸等信息，因此，有质量问题的材料可以通过模型立刻找到，然后进行更换。此外，BIM 还可与物联网等技术相结合，对施工现场作业成品进行质量的追踪、记录、分析，监控施工产品质量。

（3）有关质量技术管理。

BIM 技术不仅是三维建模的技术，而且是一个很好的交流平台。在该平台上，可通过 BIM 平台动态地模拟施工技术流程，对新材料、新工艺、新做法做详细的介绍，此外还可讨论关键技术问题，验证施工技术的可行性，最后还可结合 BIM 中 Navisworks 等仿真软件加以呈现，如图 4-9 所示。保证施工技术在技术交底的过程中不出现偏差，避免计划做法与实际做法不一致的情形。

5. BIM 在建筑施工安全管理中的应用

安全管理是任何一个企业或组织的命脉，建筑施工企业也不例外，安全管理应该遵循"安全第一，预防为主"的原则。在建筑施工安全管理中，关键措施是采用各种安全措施保障施工的薄弱环节和关键部位的安全，以不出现安全事故为目的。传统的安全管理，往往只能根据施工经验和编写安全措施来减少安全事故，很少结合项目的实际情况，而在 BIM 的作用下，这种情况将有所改善。

（1）基于 BIM 的施工场地安排与现场材料堆放安全分析。

在施工现场，由于各作业队、工种繁多，施工作业面交错，施工流程、时间交叉，物料堆放混乱，物料交错是常有的事情，这不仅会造成工作效率低下，而且还有可能发生安全隐患。BIM 技术则能对现场起到很好的指导作用，根据虚拟模拟技术，可以对材料的堆放提前做好安排，合理规划好取材、用材、舍材的路径和地点，保证施工现场堆放整齐，提高施工效率，如图4-10 所示。

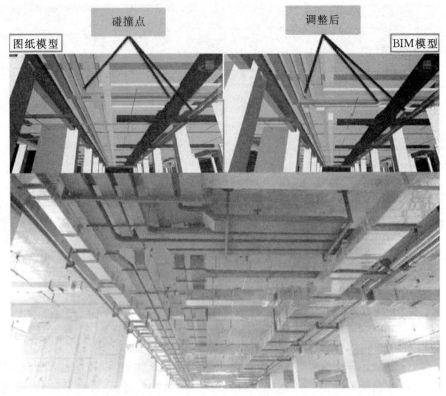

图 4 - 9　Navisworks 模拟施工

图 4 - 10　施工场地安排与现场材料堆放安全分析

（2）规避施工现场的危险源。

BIM 可视化性能可对工地上潜在的危险源进行分析。通过仿真模拟，将 BIM 模型划分不同区域，并以此制定各种应急措施，如制定或划定施工人员的出入口、建筑设备运送路线、消防车辆停车路线、恶劣天气的预防措施等。

拓展阅读

BIM 施工阶段应用案例分析

1.工程概况

某大型城市综合体项目总投资约 61 亿元,占地 8.5 万平方米,总建筑面积约 60 万平方米,由甲级写字楼、办公楼、酒店、购物中心、地下农贸市场及 4000 个停车位、2500 个自行车停放位组成,甲级写字楼共 40 层,层高 4.2 米,形象高度 229 米,酒店共 32 层,高 179 米,项目整体规划汲取世界级大都会 CSD 建筑理念,涵盖目前世界上最先进的商业、商务业态,如图 4-11 所示。

图 4-11 某大型城市项目综合体效果图

2.项目 BIM 应用内容

由于此项目在设计阶段并未采用 BIM 技术,所以在施工前对设计图纸进行模型搭建,形成基础 BIM 模型,如图 4-12、图 4-13 所示。通过 BIM 模型的搭建发现原 CAD 图纸中存在很多设计问题,尤其是机电与土建模型整个的过程中发现很多碰撞点,通过 BIM 模型快速及时与设计院沟通,在施工前将这些问题解决掉,减少了很多不必要的经济损失。

图 4-12 土建模型

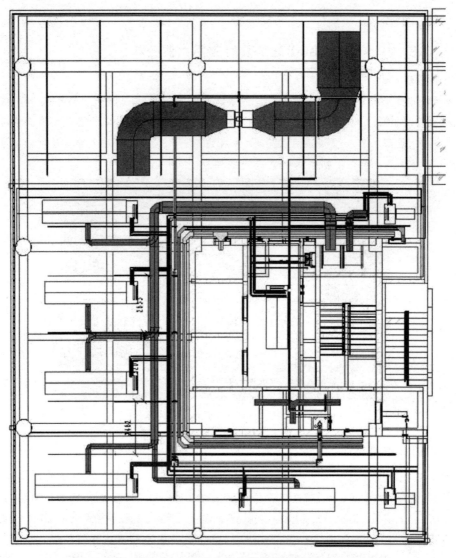

图 4 - 13 地下室机电管线综合模型

(1)施工场地平面布置分析。

利用可视化模型,对施工场地进行平面布置,如图 4 - 14 所示,主要包括:①塔吊布置分析。主要根据塔吊的工作幅度、起升高度、起重量和起重力矩等性能参数等方面进行综合考虑分析,确定塔吊平面布置位置和楼之间的塔吊距离等,避免起重范围重叠区域发生碰撞。②材料堆场、仓库、加工厂的布置。构件堆场主要考虑钢筋、模板等周转材料等,加工场的布置主要有钢筋加工场、木工加工场等的布置。对不同的施工区域,应分别布置齐全,不能布置齐全的应考虑运输、使用的方便,尽量减少二次搬运的次数,即使二次搬运也要短距离搬运。钢筋半成品堆放区,模板、钢管堆放区必须布置在塔吊覆盖范围内。材料构配件采用标准化和专业化加工,减少现场加工场地,材料堆放尽量靠近使用地点,注意运输和卸料的方便。

图4-14　施工现场平面布置分析

（2）复杂节点分析。

基于BIM模型对施工过程中的复杂节点进行施工可行性分析，提高施工质量与施工可行性，对现场施工具有指导意义，如图4-15至图4-18所示。

图4-15　管线模型与实物

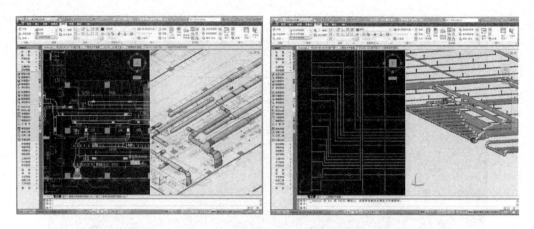

图 4-16　管线二、三维同步设计

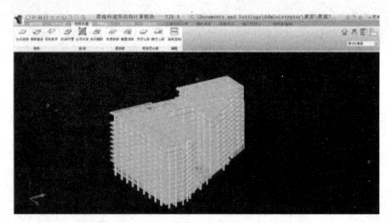

图 4-17　受力及配筋模型分析

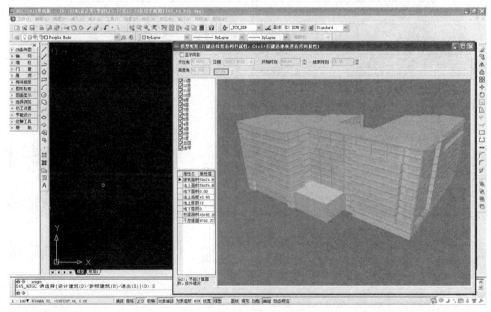

图 4-18　建筑节能设计

（3）施工难点分析。

此项目通往地下停车场有螺旋车道，施工难点在标高和净空控制以及模板设计安装。本工程施工图纸只给了坡道坡度和弧长以及坡度位置标高，需要通过计算机辅助制图技术将坡道从起步到结束的内外圆弧展开分段并计算出每段上升高度，并在现场内、外圆筒墙绑好的钢筋上放线。通过BIM模型进行分析，如图4-19所示，严格控制模板安装和混凝土浇筑质量。

图4-19　BIM 5D模型应用

（4）机电走廊。

原设计采暖管道经三维排管后发现，走廊层安装完成后只有1.5米，需改动采暖管道走向，增加工程量，解决净高问题，如图4-20所示。

（5）工程量分析。

结合该项目的施工特点和施工环境将地下室、塔楼及裙楼的工作量统计工作分为三个阶段：第一阶段是基于设计图纸建立模型，运用Revit系列软件完成主要材料的工程量统计工作，为施工预算提供指导；第二阶段是在工程施工期间，通过BIM模型结合施工进度计划，计算与统计各施工节点和时间节点内的主要材料和工程量，为材料的供应、资金的需用及人员的配备提供参考；第三阶段是在项目的具体施工阶段，结合工程洽商和设计变更情况，及时对项目进行过程跟踪并对模型进行修改完善，最终完成工程量的统计工作，为工程决算提供依据。

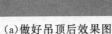

（a）做好吊顶后效果图　　　　　　（b）去掉吊顶裸露管线效果图

图4-20　三维管道深化分析

3.项目 BIM 应用价值分析

BIM 是信息化技术在建筑业的直接应用，服务于建设项目的设计、建造、运营维护等整个生命周期。BIM 为项目各参与方提供交流顺畅、协同工作的平台，其对于避免失误、提高工程质量、节约成本、缩短工期等做出极大的贡献，其巨大的优势作用让行业对其愈加重视。应用 BIM 技术在各个专业设计进行碰撞检查，不但能彻底消除硬、软碰撞，完善工程设计，进而大大降低在施工阶段可能存在的错误损失和返工的可能性，并且可以做到既优化空间又便于使用和维修。

在 BIM 技术的帮助下，我们不仅可以实现项目设计阶段的协同设计、施工阶段的建造全程一体化和运营阶段对建筑物的智能化维护和设施管理，同时从根本上将业主、施工单位与运营方之间的隔阂和界限打破，从而真正实现 BIM 在建造全生命周期的应用价值。本项目进行过程中，通过 BIM 技术应用，主要解决了施工管理过程中以下几个问题：

（1）用可视化模型来调整施工方案，解决方案针对性差、实用性差等问题，为施工的高效、安全实施提供了科学的依据及保障。

（2）通过复杂节点、机电深化、施工难点等分析，最大限度降低因设计失误造成的损失，并最大限度提高施工效率以及施工质量。

（3）该项目在施工实施阶段，通过对工程量的统计，并结合进度计划很好地实现了资源的准确配置，出现了极少的材料浪费和作业人员的闲置，合理安排了施工时间，充分利用了工作面，实现了工程的最优施工，节约了资金成本，提高了经济效益。

➤ 4.2.2　轨道交通

城市轨道交通建设工程项目由工程基本土建设施和运营设备系统两大部分构成。

①工程基本土建设施包括线路、轨道、路基、桥梁、隧道、车站、主变电所、控制中心及车辆基地。

②运营设备系统包括车辆、供电、通风、空调、通信、信号、给排水、消防、防灾与报警、自动售检票、自动扶梯及其控制管理设施。

轨道交通建设无疑是巨大的综合性复杂系统工程，工程规模和时空跨度大，项目结构复杂，主要体现在如下几个方面：

①项目参与方众多,实行分阶段、分专业承包,管理协调难度大。

②建设周期长,工期要求紧,工程变更频繁,对造价和工期影响大。

③工程质量要求高,施工和供货质量控制困难。

④工期实施风险大等。

在轨道交通方面,通过BIM模型的可视化工作平台,以及包含几何模型信息、功能要求、构建性能等信息的基础模型,根据轨道交通项目的特点创建针对具体施工项目的技术、经济、管理等方面的附加属性信息,如建造过程、施工进度、成本变化,资源供应等。完整定义并添加附加属性信息于BIM模型中。

现阶段,BIM在轨道交通施工阶段应用的主要方向与房建项目相似,但是根据项目特点主要包括以下六个方面,即:BIM在图纸会审中的应用,BIM在施工降水中的应用,BIM在合理化搭接施工顺序中的应用,BIM在施工筹划中的应用,BIM在施工动态管理中的应用,BIM在施工协调中的应用。如图4-21所示。

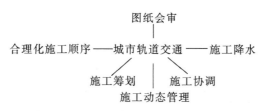

图4-21 BIM在轨道交通施工阶段的应用

1.BIM在图纸会审中的应用

城市轨道交通项目涉及多个专业,其图纸会审相较于普通工程项目更加烦琐,也更有意义。传统图纸会审工作,由于2D图纸形象性差,查找图纸中的错误存在困难,并且在查找到不同专业的图纸之间存在矛盾后,各专业间沟通困难等问题。这样的图纸会审,往往达不到工程建设程序中期望的效果,对工程项目的目标控制造成不利影响。

基于BIM技术的施工图纸会审,通过可视化的工作平台,以实际构件的三维模型取代2D CAD图纸中的二维线条、文字说明等表达方式。图纸问题在BIM模型中直观地反映出来(如碰撞问题),从而较容易找到设计中存在的失误或错误。

2.BIM在施工降水中的应用

基坑降水方案制订得优劣将会对工程造成较大的影响,利用Revit软件平台的兼容性,将BIM模型导入第三方有限元软件MODFLOW(模块化三维有限差分地下水流动模型),分析降水对周边环境的影响,快速通过模型制作出降水施工解决方案,降低施工风险。

3.BIM在合理化搭接施工顺序中的应用

城市交通轨道的施工方法及施工工艺较为复杂。例如,在模板施工阶段,采用组合式钢模板的质量问题较多,通过BIM模型可以进行受力分析,提高稳定性,如图4-22所示。在基坑开挖阶段,通过BIM模拟,提前预知钢支撑安装速度。此外将单块钢围堰合理的搭接施工模拟,节约了工期,如图4-23所示。

图 4-22 钢模板施工

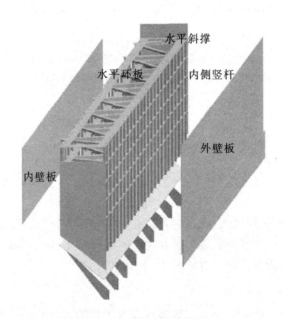

图 4-23 单块钢围堰模拟

4. BIM 在施工筹划中的应用

利用 BIM 模型中包含的建筑所有材料、构件属性信息等基本属性,根据轨道交通项目的特点,将施工信息加入 BIM 模型当中,形成基于 BIM 模型的施工筹划,包括施工方案设计、施工进度编制、施工布置方案设计等,通过 BIM 模型计算出各种材料的消耗、各种构件工程量,可快速统计出各部分分项工程或各工作包的工程量,为工程施工项目的管理、分包以及资源配置提供了极大的方便。

5.BIM在施工动态管理中的应用

基于BIM技术的4D施工动态管理系统包括以下三个方面:施工进度动态管理、施工场地动态管理、施工资源动态管理。此过程应用与房建项目应用方法一致,只是其中涉及的BIM信息根据项目类型不同有所变化。

6.BIM在施工协调中的应用

城市轨道交通项目工程量巨大,施工技术难度高,涉及众多专业,工程计划组织协调工作繁重,各专业之间容易形成"信息孤岛",产生施工冲突。将基于BIM技术的施工可视化应用于城市轨道交通中,最大限度地提高了各专业间沟通和协调的效率。

(1)城市地下空间碰撞检测。

城市轨道交通项目主要是在城市地下进行施工,建设环境和外部条件十分复杂,车站和隧道沿线建筑物、管线众多,甚至要多次穿越或近距离穿过既有地铁线路、桥梁、护城河及历史古迹等。而城市轨道交通地下隧道和车站施工将进行大量的土方开挖,会使周围土压力发生变化和土体移位,这势必会打乱甚至破坏城市地下空间规划。

将基于BIM技术的施工可视化应用于城市轨道交通工程,结合三维地质信息模型,通过4D建造过程中的模拟,将建造过程对地下环境的影响情况在模拟中直观地展示出来,这样可以在施工前采取相应的保护措施,避免施工造成破坏。例如,城市地下埋置有各种管网,如给排水、供热、电力、燃气及通信管线等,通过4D虚拟建造,检查施工过程与这些管线的冲突状况,如果施工会对管线造成破坏,则在施工前对管线采取保护措施或者进行管线的迁移等,如图4-24所示。

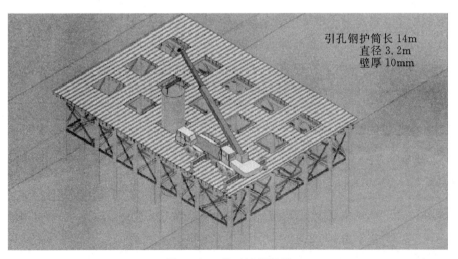

引孔钢护筒长14m
直径3.2m
壁厚10mm

图4-24　施工过程模拟

（2）施工碰撞检测。

工程建设过程中碰撞问题涉及多专业之间的协调，其内容复杂、种类较多，基于 BIM 技术的施工可视化最大限度地提高了各专业之间沟通和协调的效率。碰撞检测要遵循一定的优先级顺序，即先进行土建碰撞检测，然后是设备内部各专业碰撞检测，最后是建筑、结构与给排水、暖通、电气等专业碰撞检测，如图 4-25 所示。

图 4-25　管线碰撞检测

（3）施工空间冲突检查。

城市交通轨道项目建设往往会穿越城市繁华地区，商业、交通繁忙，地面建筑物众多，故其施工的工作面十分狭窄，空间冲突常常是造成工期延误的主要原因之一，每一个工序在进行时都需要足够的活动空间，如机械臂长旋转半径以及人员活动半径。若两者在空间上发生冲突就影响正常施工，造成工期延误、财产损失甚至人员伤害。因此在项目开工前根据施工方案进行动态施工模拟找出可能存在的问题，以便设计最优的机械行进路线以及人员活动范围，从而减少伤害及可能造成的损失。

拓展阅读

随着北京地铁 7 号线东延 01 标标段的施工推进，BIM 应用成果也不断浮现，成为业内的焦点。北京地铁 7 号线东延 01 标标段项目是由北京城乡建设集团有限责任公司承建的。

一、项目概况

1. 项目信息

北京地铁 7 号线东延 01 标段，共包含 2 站 2 区间，分别为：黄厂村站、豆各庄站、焦化厂站—黄厂村站区间、黄厂村站—豆各庄站区间。标段西起自焦化厂站（不含）下穿东五环路、上跨南水北调输水管线向东敷设经黄厂村站向东穿越大柳树排水沟、西排干渠、通惠灌渠后到达豆各庄站,标段长为3.25千米。工程概况如图4-26所示。

图4-26　工程概况图

2.工程特点

该工程工作内容包括车站、区间的土建工程、降水工程及站前广场等。整个项目将面临工程量大、工法多样、施工覆盖范围广、施工时间较长、作业面广、专业分工细等诸多难点。施工过程中还将面临"三多一少"的问题,即作业面多,危险源多,质量控制点多,在施工区域内可以利用的施工场地少。

3.BIM工作室组织结构

BIM工作室组织结构图如图4-27所示。

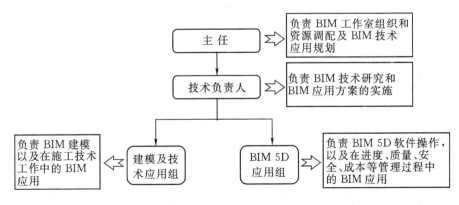

图4-27　施工组织图

二、BIM 技术在项目中的应用

1. 利用 BIM 技术实现标准化建设

该项目利用 BIM 技术实现三维施工场地布置及立体施工规划,实现标准化建设可视化,形象生动,并能够有效传递标准化建设实施的各类信息,实现绿色信息智能化管理。同时通过漫游从细部到整个施工区,快速全面了解项目标准化建设的整体和细部面貌。

焦黄明挖区间三维场地布置模型如图 4-28 所示。

图 4-28 三维场地布置模型图(焦黄明挖区间)

黄厂村主项目部三维场地布置模型如图 4-29 所示。

图 4-29 三维场地布置模型图(黄厂村主项目部)

黄厂村车站三维场地布置模型如图 4-30 所示。

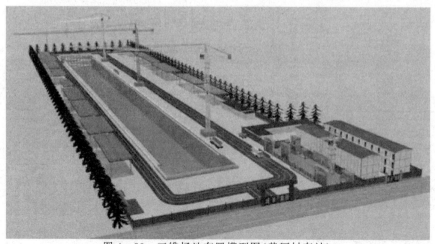

图 4-30 三维场地布置模型图(黄厂村车站)

豆各庄车站三维场地布置模型如图4-31所示。

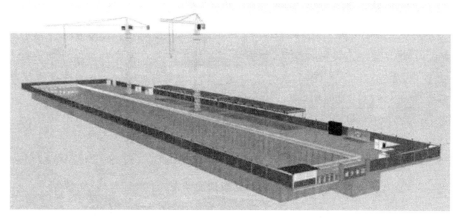

图4-31 三维场地布置模型图(豆各庄车站)

2.利用BIM模型辅助技术管理

现场技术人员根据项目BIM人员建立的三维模型,利用模型上的数据信息进行图纸审核,能及时发现冲突碰撞等设计问题。将BIM模型和施工模拟应用于方案交底、培训汇报,表达更加准确形象,易于理解沟通。

运用三维模型进行细节展示,通过施工模拟预演施工过程,形象生动,方便工人理解、操作,提高技术交底质量,指导现场施工。在方案中插入三维模型,逼真直观,解说性更强,便于理解。

施工模拟如图4-32所示。

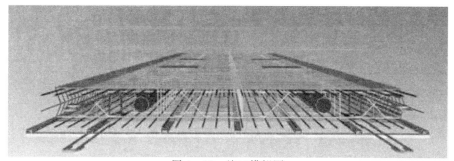

图4-32 施工模拟图

3.利用BIM 5D平台进行质量、安全问题的跟踪管理

该项目人员利用BIM 5D手机端、云端、电脑端和网页端,完成现场的质量、安全管理。技术部和安全部人员,在现场巡查过程中及时上传质量、安全问题,生产工区人员在接到相关问题提醒后,及时进行整改,通过数据共享和集中分析,实现现场施工安全问题跟踪管理,隐患排查实时具体,落实整改更迅速及时。

随着手机端操作的不断普及,现场人员已经习惯性采用此种方式进行问题记录和反馈,据统计,自开工以来,共计持续完成22周的质量安全问题的跟踪管理。自从使用了此方法,项目每周的生产例会,各工区质量安全负责人均通过Web端口的数据导出进行数据整理和分析,大大节约了素材准备的时间。

4.利用 BIM 5D 平台开展进度管理

进度一直是项目上重要关注点,该项目就利用了手机端的反馈情况、PC 端同步录入、Web 端存留共享的方式,让进度情况变得更加直观,如图 4-33 所示。计划进度与实际进度进行对比,滞后进度会突出显示,警示技术人员需采取有效措施,及时调整进度安排,有效进行进度管控。

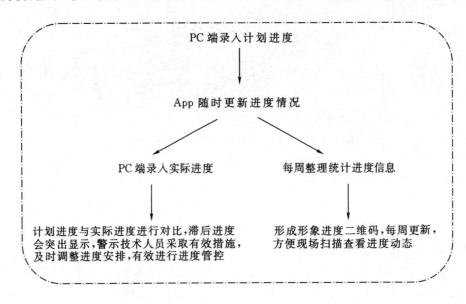

图 4-33 BIM 5D 平台开展进度管理流程

生产工区现场人员,在巡查现场的同时,将现场进度情况通过手机端进行录入反馈,为非现场人员制作施工进度周汇报、实际进度录入情况提供了准确的数据性依据,可谓是一次录入多次输出使用,且将信息进行了留存,方便了后续的调取。

每周整理统计进度信息如图 4-34 所示。

二维码进度信息采集表.xlsx

13.31 KB

施工形象进度(周更新)

草料二维码技术支持　　　　　　　二维码详情 ∨

下载

图 4-34　整理进度图

5.利用 BIM 5D 平台进行构件施工跟踪管理

形象进度一直是项目上现场施工情况的呈现方式,该项目现场工区人员利用手机端构件跟踪功能对构件各重要工序进行实时跟踪管理,进行现场记录、拍照,责任到人,利用信息化手段创新现场施工管理。

在此过程中,BIM 组人员提前根据现场进度安排情况,将现场准备施工部分做追踪事项编排,确认工序到具体人员,现场工区人员通过广联达 BIM 5D 手机端可以调取出需要跟踪的内容,根据构件编号的方式,填写构件各个施工工序,并拍照留存,让施工工序更加标准、合理、可追溯。

作为非现场人员,均可以通过网页端实时同步更新现场信息,方便浏览查看目前的进度情况,进而了解每个阶段的跟踪情况,如图 4-35 所示。

图 4-35　网页端施工跟踪管理

三、小结

作为该项目的承建单位,北京城乡建设集团有限责任公司通过 BIM 5D 三端一云进行数据共享和集中分析,实现现场施工的质量、安全问题跟踪管理、构件跟踪管理和进度跟踪管理,使工作留下记录,责任到人。工作的传达和执行也更加流畅了,沟通时间节省 20%,汇报材料制作时间节省半小时,工作效率提高 10%。利用 BIM 技术信息化、科学化施工管理手段和工具,实现了项目现场的创新施工管理。

作为建筑业信息化的主要手段和发展趋势,BIM 技术将成为未来施工企业提升企业市场竞争力的最重要手段。BIM 技术面临发展成熟期和技术天花板,创新箭在弦上。BIM 5D 作为近年来国内 BIM 技术发展的重要成果和中流砥柱,施工企业应用 BIM 5D 将大有可为!

模块 5

工程项目运维阶段 BIM 应用

在建筑设施的生命周期中,运营维护阶段所占的时间最长,花费也最高。虽然运维阶段如此重要但是所能应用的数据与资源却相对较少。相较于设计和施工阶段,BIM 技术在运维阶段的应用总体还处于初级阶段,即表现在成熟的商品软件或工具较少且应用普及度较低,也表现在国内外科研院校对其研究的深入程度不足和缺乏成熟规模的应用案例。

5.1 运维阶段概述

建筑运维管理是整合人员、设施和技术,对人员工作、生活空间进行规划、整合和维护管理,以满足人员在工作中的基本需求,支持公司的基本活动过程,增加投资收益的过程。

运维管理的对象包括建筑、家具、设备等硬件和人、环境、安全等软件。其范畴主要包括以下五个方面:空间管理、设备管理、安防管理、应急管理、能耗管理,如图 5-1 所示。

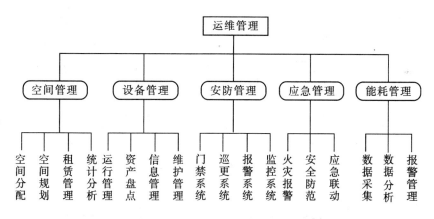

图 5-1 运维管理结构图

运维阶段信息量非常大,管理工作复杂,可用结构图的形式表达运维管理的信息框架,如图 5-2 所示。

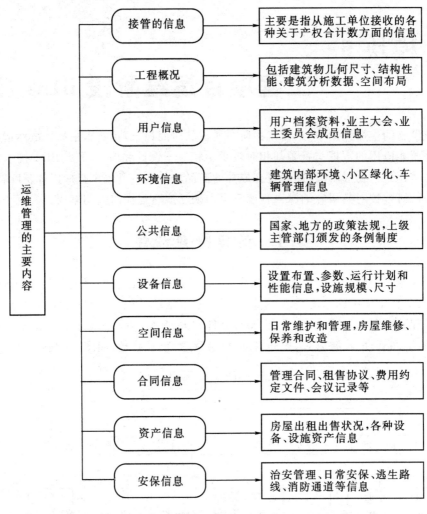

图 5-2　运维管理信息框架图

5.2　BIM 在运维管理中的应用优势

传统的工作流程中,设计、施工建造阶段的数据资料往往无法完整地保留到运维阶段,例如建设途中多次变更设计,但此信息通常不会在完工后妥善整理,造成运维上的困难。BIM技术让建筑运维阶段有了新的技术支持,大大提高了管理效率。

在传统建筑设施维护管理系统中,多半还是以文字的形式列表展现各类信息,但是文字报表有其局限性,尤其是无法展现设备之间的空间关系。当 BIM 导入到运维之后,可以利用BIM 模型对项目整体做了解之外,模型中各个设施的空间关系,建筑物内设备的尺寸、型号、口径等具体数据,也都可以从模型中完美展现出来,这些都可以作为运维的依据,并且合理、有效地应用在建筑设施维护与管理上。

BIM 在建筑设施维护管理方面除了资料整合的优点外,管理方式也跟以往有很大的不同。传统运维管理往往表现为设备资料库展开的清单或列表,记录每个设备的维护记录。对于现在建筑追求的可持续发展来说,BIM应用于运维阶段具有非常重要的现实意义,当应用了BIM之后,借由BIM中的空间信息与3D可视化的功能,可以达成以往无法做到的事情:

(1)提供空间信息:基于BIM的可视化功能,可以快速找到该设备或是管线的位置以及附近管线、设备的空间关系。

(2)信息更新迅速:由于BIM是构件化的3D模型,新增或移除设备均非常快速,也不会产生数据不一致的情形。

5.3　BIM 运 维 应 用

基于BIM技术的建筑运营管理属于运营维护+BIM范畴。主要涉及内容如表5-1所示。

表 5-1　BIM 在建筑运营管理阶段的主要应用内容

应用功能	功能介绍
设备运行和管控	设备参数、设备维修流程等
空间管理	租户面积、租约区间、空间优化等
安保和应急疏散管理	意外险情的应急、逃生路线等
建筑能耗检测	绿色环保、建筑节能等

➤ 5.3.1　设备运行和管控

随着城市土地的紧张,尤其在一线城市,现代建筑开始纵向发展,国内第一高楼的记录不断被刷新,各地方的建筑结构造型也是标新立异,如天津邮轮港口码头、广州歌剧院等。人们对建筑的功能和服务日益增多,同时又要求建筑绿色节能环保。这使得建筑设备种类繁多,管线布置复杂。如此一来就对建筑项目的建设提出了更高的要求和挑战。

BIM技术的应用可以使业主便捷地查询想要了解的设备资料,如使用年限、设备位置、出厂日期等,还可以了解更多关于设备使用的状况,如维修的次数、零部件的更换、谁负责维修等。通过建筑智能化结合BIM技术,给建筑设定一系列阈值,如噪音、含氧量等,设备会自我控制,降低了传统设备运营管理的风险和成本。

目前建筑运维管理中常用的设备参数有设备台账与设备台卡两种形式。设备台账是记录建筑物内拥有设备等不动产的基本概况,主要记录设备简单信息,如所处的位置、基本规格和型号等内容。

设备台卡是设备台账的深化细致描述,如表5-2所示,其详细记录设备的各种属性参数,如安装日期、制造商等内容,真实体现设备在建筑物内的具体状况。

表 5-2　某设备台卡

所属系统		设备名称		设备编号	
设备型号		安装区域		安装地点	
安装日期		制造商		设备台数	
出厂编号		出厂日期		启用日期	
合格证		工作简介		技术资料	
使用年限		额定电压		使用说明	
设备净值		额定电流		维修次数	

在设备维修方面,报修流程都会在运营平台在线申请和反馈,用户申请填写报修单,如表 5-3 所示,提交平台,管理部门会审批并及时派出技术人员维修,最后将维修信息反馈到运营平台上进行录入数据库的及时更新。

表 5-3　报修单

报修人		报修部门		报修日期	
报修内容				报修人电话	
				派单人	
报修时间		到达时间		完工时间	
是否有组件				领料单编号	
维修记录	维修人		验收人	验收评价	
回访意见	维修质量			回访人	
	维修态度			回访日期	

设施维护管理示意图如图 5-3 所示。

图 5-3　设施维护管理示意图

5.3.2 空间管理

空间管理分为三个等级,分别是建筑空间、设施空间、企业空间。三者具有逻辑关系,建筑空间是设施和企业空间的基础和平台,而设施空间是企业空间的基础,已经具有物理和管理的双重属性。当到了企业空间时,已经从建筑学转换到企业管理,使得空间管理作为整合学科涉及建筑、运营维护、管理学等学科。

基于BIM的建筑运维管理系统可直观快速地查询访问租户的信息和位置,如租户建筑面积、租金情况、物业管理、租约区间等。与此同时,根据租户信息的变动调整,及时更新和调整数据库。其余方面主要应用在设备空间定位和消防、照明系统。

空间管理包括优化空间分配、分析空间利用率、分摊空间费用、解决传统空间管理弊端等。空间管理弊端及解决方案如表5-4所示。

表5-4 空间管理弊端及解决方案

传统运维管理问题	解决方案
1.空间利用状况模糊不清	1.与CAD、BIM结合,图形化展示空间使用状况
2.空间分配不合理	2.合理调整空间分配,提高空间使用效率
3.部门空间成本无法统计	3.空间费用分摊自动化到部门,实现精细管理

5.3.3 安保和应急疏散管理

在商业地产或大型的体育会馆项目,保证流动人群的安全性以及发生意外事故时保证安全逃生通道通畅至关重要。基于BIM技术建筑运维系统可以主动管理应对这种突发事件。比如在发生险情时,管理人员可以通过集成BIM技术的运维系统平台,及时了解险情发生地点或者推测险情发生原因,通过设施设备的智能控制器来控制险情的进一步扩大蔓延。与此同时,如果在监视器已损坏的情况下,通过BIM的可视化,通过安保人员帮助人群疏散,为人群迅速找到快捷、安全的通道。如图5-4所示。

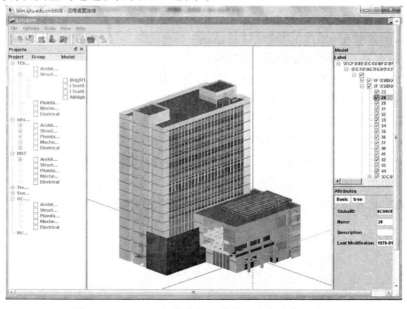

图5-4 基于BIM技术的运维管理火灾定位示意图

➤ 5.3.4 建筑能耗检测

在中国,建筑能耗占全社会能耗的 28%,当前建筑项目提倡绿色环保节能。如何减少能耗成本压力以及建筑垃圾排放是人们最关注的问题。基于 BIM 技术的建筑运维管理可以对高能耗的空间和设备进行能耗诊断和分析,帮助管理人员实时监控和管理设备能耗情况。通过云技术和 BIM 相结合,在能源使用记录表上加上传感功能,使得设施控制器和传感器连接,及时采集处理信息,根据实时能耗情况进行自动统计分析,来对设备采取节能优化措施和异常情况的预警。如图 5-5 所示。

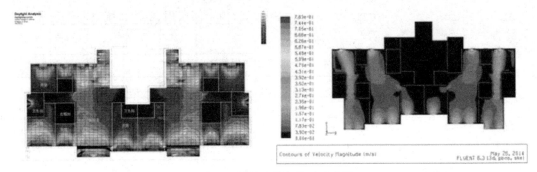

图 5-5　能耗监控与管理示意图

5.4　BIM 在不同类型项目中的运维应用

➤ 5.4.1 商业地产

商业地产是指用于商业经营活动并通过经营产生收益的物业,主要包括商场、购物中心、商业街、写字楼、酒店、仓库、工业厂房、会展中心等。商业地产具有以地产或房产为载体,以满足商业活动用途为目的,涵盖了零售、批发、餐饮、娱乐、健身、休闲等不同经营用途的各种业态,通过长期的商业运营收取物业租金实现收益等特征。因此,商业地产运维管理指的是:开发商或运营商运用科学的技术和管理方法,对人力资源、商业地产设施及相关技术进行整合与利用,进行商业地产招商、推广、运营和维护,以使商业地产项目的设施功能、商业环境、经营秩序等满足商业活动的需求,从而支持参与主体的利益实现,提高管理效率和决策水平,最终提升商业物业和品牌价值,增强市场竞争力的过程。

目前我国商业地产运维管理存在二维图形信息晦涩难懂、数据资料难以完整保存和传递、数据采集更新和共享困难、运维管理成本大、运维缺乏主动性等弊端,因此 BIM 技术应用于商业地产运维管理具有很高的必要性。

 拓展阅读

重庆北碚万达广场

重庆北碚万达广场,位于重庆市北碚区,被誉为重庆市后花园,项目为坡地建筑,东西高差达 15 米,设计为三首层,地上 24 米,地下 3.8 米,用地面积 52626 平方米,建筑面积 133200 平方米,机动车停车数地上 150 个,地下 650 个。其效果图如图 5-6 所示。

图 5-6　重庆北碚万达广场效果图

　　项目的 BIM 应用主要集中在设计和施工阶段,在运维阶段项目设备众多,系统复杂,在有限的空间里管线走向非常复杂,传统的二维 CAD 图纸是在二维环境下使用线型方式做设计、出施工图,这种方式不可避免地会在机电设备、给排水管线以及结构专业之间产生碰撞冲突的问题。为了解决此问题,在前期设计和施工应用 BIM 技术的同时做好二维码管理技术,借助BIM 及 API 技术将设备信息导出并生成二维码,张贴于日常维护设备上用于配合商管公司的运维管理工作。北碚项目二维码构件含梁、柱、采光顶、幕墙、泛光照明、内装、园林景观及机电设备。如图 5-7 和图 5-8 所示。

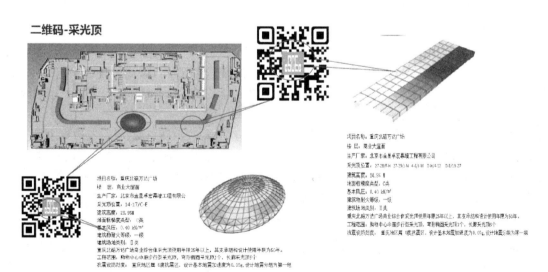

图 5-7　采光顶模型及二维码

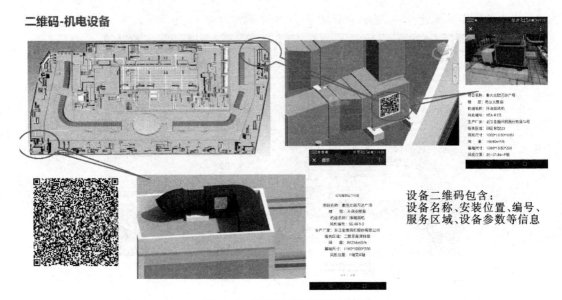

设备二维码包含：
设备名称、安装位置、编号、
服务区域、设备参数等信息

图 5-8　机电设备模型及二维码

➤ 5.4.2　桥梁工程

桥梁最主要的作用便是联系两地、促进交通，使人、车、资源通过更便捷的途径得以衔接。一定程度来讲，桥梁的经营管理意义等同于桥梁的使用价值，桥梁管理也必将以此为目标，时刻保证桥梁的使用秩序。现在多数的 BIM 应用技术只针对设计和施工环节，强调的重点是数量、位置以及模型之间的冲突碰撞等，而运维管理需求的是经营、设备和安全层面的维护。

1. 经营层面维护

桥梁的经营层面运维主要包括物业管理和服务管理两方面。经营维护强调桥梁各方使用者能得到全面的通行保障，这需要我们能够实时管控桥面交通秩序，保证桥梁通畅，不出现拥堵、损毁以及威胁通行车辆安全的情况。同时出现事故后，运维单位要有能力及时处理事故并为通行车辆提供必要救助手段。

经营运维从技术表现来说，是通过提供视频监控、应急通信、消防急救、紧急疏散等手段实现的，而这些服务则需要建立在一个全面详细的桥梁沙盘或者外观模型之上，只有对车辆、行人在桥梁上所处的环境有清楚的认识，才能为其提供准确、有效的服务。由对个体事件的服务扩大开来，对所有在桥梁上的车辆、人员提供同等的准确、有效的服务便形成了完备的全桥经营运维过程。

2. 设备层面维护

现代桥梁具有众多的设备系统，主要包括交通安全、通信、监控、通风消防、供配电照明几大类。设备维护主要是对桥梁主要设备的运营维护、修理以及设备的应急管理等。设备管理是一个不间断的全程跟踪式管理，要做到全面的监管，就要求我们对每个系统的每个设备的每个参数都了如指掌，全面的数据收集才能保证当设备系统中某一节点设备出现异常时，管理者能准确发现异常问题，并及时做出科学有效的处置措施。

3. 安全层面维护

将交通和设备问题单独考虑后，所剩下的安全层面维护便是指桥梁自身的安全维护，是对桥梁结构安全性的管理维护。现有的维护手段主要是专业人员通过对桥梁进行荷载试验或巡检的方法进行。通过实验获得的数据也仅代表桥梁在受检条件下的安全性,且这一数值仅为理论值,存在一定的偶然性。外观检测的方法则是通过暴露出钢筋检查以及桥体相应指标测量等,这些手段通常是在桥身找一些关键部位进行,而无法对桥梁开展整体的全面检测。

虽然传统桥检方法已经受了多年的实践检验,但所存在的偶然性和不全面性仍然有待解决。若要实现桥梁健康实时检测,大量的传感器预埋就显得必不可少,除对设备的了解外,我们还要对各设备所监测的对象有较为形象的模型展示,只有数据和模型实现高度匹配,桥梁健康的数据才能真正集成在一个桥梁健康监管系统内,我们才能做到对桥梁病害、隐患的实时监控,达到信息化管理桥梁的目标。

 拓展阅读

港珠澳大桥 BIM 模型

港珠澳大桥是连接香港特别行政区、广东省珠海市、澳门特别行政区的大型跨海通道,是国家关键性工程。主体工程采用桥隧组合方案,由一段长 5.7 千米的隧道和一条 22.9 千米的桥梁组合而成。作为一项世界级工程,项目总体建设目标为:建设世界级跨海通道;成为地标性建筑;为用户提供优质服务。业主在相关设计施工合同中明确要求应用 BIM 技术,模型精度要达到最高级别的 LOD500,竣工交付模型必须包含所有构件信息,以便后期运维。

港珠澳跨海大桥 120 年的设计使用期注定了其 BIM 运用的核心将会是运维管理。港珠澳大桥的 BIM 运用分为桥梁、隧道、东西人工岛、房建、交通工程。就桥梁运维而言,其中涉及最广的是桥梁上部交通工程。因此我们以这座世界级桥梁交通工程中的 BIM 运用情况进行相关分析。

港珠澳大桥主体工程的交通工程包括:给排水系统、通风系统、供配电系统、照明系统、通信系统、消防系统、防雷接地系统、收费系统、监控系统、交通安全系统、综合管线、结构健康监测、系统集成等,如图 5-9 所示。BIM 技术服务根据港珠澳大桥管理局提出的要求分别进行了桥梁段各关键系统的建模工作。

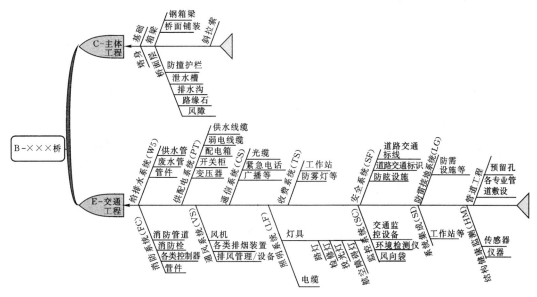

图 5-9　桥梁区段分层

上述的每个系统中,又针对项目所列出的工程清单对每一个系统的设备、管线进行进一步的分层建模。BIM 模型数据分层原则基于合同工程量清单分层规则,分层架构按照主体工程和交通工程系统,系统功能关系由大至小、由上至下划分(如×××段桥—主体工程—基础—桥面系—具体构件),最小存储单位为一个标段(如青州航道桥段、浅水区非通航孔桥段等),每标段 BIM 模型数据分层如上所述。

特殊情况如桥梁杆灯设备,需按照清单分层,分为杆灯与灯杆两部分,基于 Revit 平台,分别赋予对应信息,以求达到监控及项目管理的目的。还有部分指定设备柜体,也需将构件模型拆分并封装,其中 BIM 模型具体拆分封装办法如图 5-10 和图 5-11 所示。根据运维模型标准的要求和竣工现场的实际情况,创建了交通工程各子系统运维模型数据库。

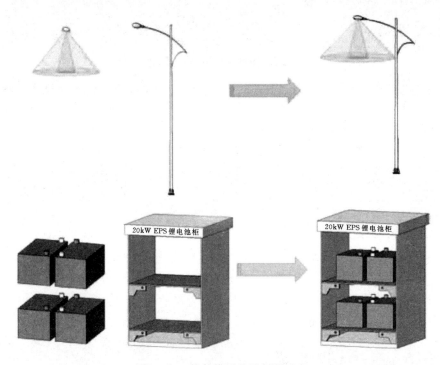

图 5-10 构件模型分层封装示意

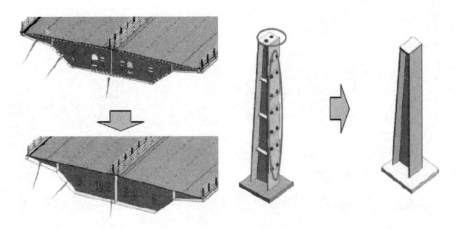

图 5-11 主体模型简化后示意

为了便于管理以及系统区分,所建模型中各子系统的管线严格按照统一的颜色标准进行管理,如图 5-12 所示。

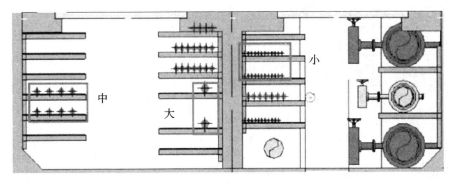

图 5-12　线缆模型简化示意图

对 BIM 设备模型进行有效标识。BIM 设备模型须包括但不限于设备编码、设备名称、安装位置、设备规格型号及设备序列号,如图 5-13 所示。

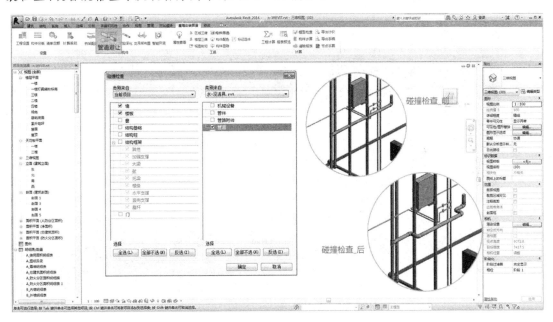

图 5-13　设备信息录入示意

为了提高后期运维的可操作性和便捷性,项目提出了强量化模型的需求。通过 Autodesk Navisworks 平台进行轻量化处理,使得项目单位 1 千米模型文件存储大小低于 150MB 标准,并在 Navisworks 平台进行视图、管道颜色等定义,达到流畅且全方位展现项目效果,辅助项目各参与方沟通协调、快速定位等,完成用于运维的 BIM 信息模型。具体如图 5-14 至图 5-17 所示。

图 5 - 14　Revit 平台项目效果示意

图 5 - 15　Navisworks 平台项目效果示意

图5-16 轻量化模型效果示意

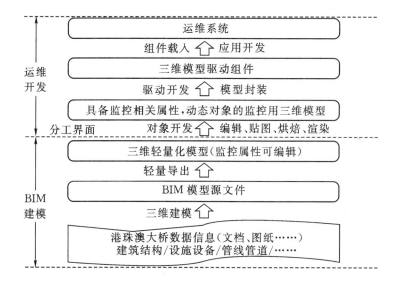

图5-17 BIM系统和运维系统集成

➤ 5.4.3 机场航站楼工程

机场航站楼的建筑体量大、结构复杂,随着使用时间的推移以及使用过程中的不断装修改造,对航站楼建筑空间的规划、分配、改造、统计及钢结构、幕墙围护系统等维护管理带来越来越大的挑战。采用BIM技术对机场航站楼基础设施进行空间定位可视化管理,建立信息共享平台,使用信息化管理手段,为机场航站楼基础设施规划、改扩建、维护提供服务,可以提高机场航站楼运维管理水平和管理效率。

通过BIM技术将建筑各个构件的尺寸、位置、颜色、材料、价格、作业时间等所有信息都作为该构件的属性,存储于统一的模型中。以三维的形式呈现给各层管理者,以在设计、施工、维护过程中信息共享,BIM技术为解决上述问题提供了新的工具和视角,其在机场航站楼运营维护管理中的作用体现在以下几个方面：

1. 实现海量数据的信息模型化

将机场基础设施的海量数据集成至建筑信息模型中，通过系统自动的统计分析，以满足所有信息可以被实时调用、有序管理与充分共享，将给机场管理工作带来巨大价值。

2. 实现不同部门间的信息互通

通过 BIM 技术，各相关管理单位可以将各部门的最新运维管理信息加载至 BIM 三维模型中，同时也能够实时地调用其他部门的最新 BIM 数据，用于本部门空间、设施设备管理所需。

3. 实现管理部门间的实时协同作业

运维管理过程中，机场各单位、各部门参与建设和改造项目的主管单位各不相同，相互之间信息互通不够，BIM 技术通过实现工程所有相关信息的有效集成，使项目协同作业成为可能。而且协同作业不要求所有的管理方和决策者到现场处理问题，只要有互联网，一切都变成了可能。

整个系统的底层为各种数据信息，包含了 BIM 模型数据、设施设备参数数据，以及设施设备在运维过程中所产生的运维数据；中间层为系统的功能层，是系统的功能模块，通过三维浏览查看 BIM 模型，点击模型构件可实现对设施设备基础数据、运维数据的查看；最顶层是管理门户，对系统所有业务数据进行处理（见图 5-18）。

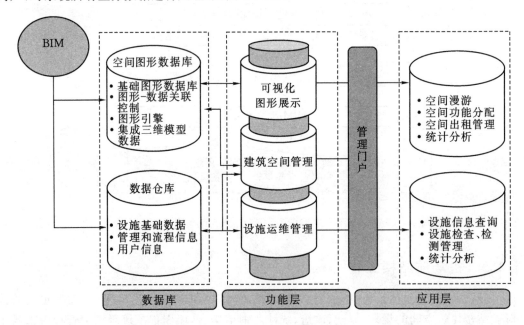

图 5-18　实施策略

拓展阅读

上海浦东国际机场 T1 航站楼

上海浦东国际机场，位于上海市浦东新区，距上海市中心约 30 公里，为 4F 级民用机场，上海浦东国际机场 T1 航站楼占地 27.8 万平方米。上海浦东国际机场 T1 航站楼及其平面示意图分别如图 5-19、图 5-20 所示。

图 5-19　上海浦东国际机场 T1 航站楼

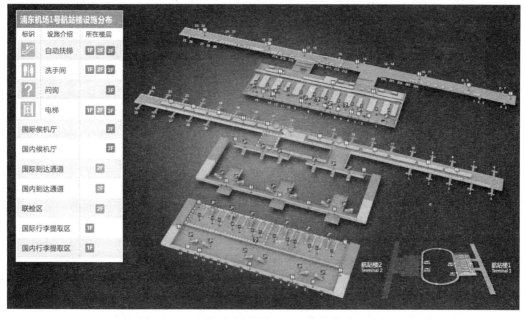

图 5-20　上海浦东国际机场 T1 航站楼平面示意

　　根据上海浦东国际机场 T1 航站楼运营维护的实际需要,以 BIM 的技术为重要手段,设计开发基于 BIM 的浦东国际机场 T1 航站楼运维管理系统,支持运营维护管理决策、检测维护信息三维可视和运营维护信息共享,实现浦东机场全生命周期内运营维护的高效识别、判断、处理,提高运营维护效率和效果,降低运营维护管理的资源和成本,提高上海浦东国际机场 T1 航站楼运营维护的安全性、高效性、可靠性。

1. 空间信息查询

空间信息查询是利用 BIM 技术对三维建筑模型中的区域、区域内的空间、房间以及构件信息的查询,实现查询空间内各个区域的详细信息。通过选中三维模型的一部分子区域,可查看大致区域基本信息,然后在此区域内,通过进一步点选可细分到每个楼层、每个构件,最终以标识标明或以表格数据输出达到查询的目的(见图 5-21)。

图 5-21　浦东国际机场 T1 航站楼运维系统空间信息查询

2. 空间租务管理

空间租务管理是对针对 T1 航站楼内出租的空间,实现实际、可更新的出租情况统计与查询。针对不同的子区域或不同的楼层平面的可出租房间,可对其出租信息,包括名称和属性,以及相关的出租合同等信息进行管理。

3. 设施信息管理

设施信息管理主要包括航站楼主体及围护结构的相关设施的信息查询及维护,用户可以在模型的浏览过程中直接查看设施设备的基本信息,点击"详细信息"按钮,查看设施设备检测计划、检测记录及维修记录等数据,并可以对设施设备基本信息进行编辑(见图 5-22)。

图 5-22 运维系统设施信息查询

4.设施维护计划

设施维护计划功能是让用户依据维护周期对钢结构及围护系统、幕墙等设施制订检测计划。检测项目分为专业检测项目和日常巡检项目。对检查项目中需要借助仪器设备以及对专业程度要求高的确定为专业检测项目;可通过简单培训就可以使日常维护保养人员所掌握并进行维修处理的确定为日常巡检项目。计划中应包含具体的检查检测方法,用于指导作业人员进行相关工作。当达到维护周期时间节点时,系统自动提醒用户启动检测流程,对钢结构及围护系统、幕墙进行检测。

5.设施报修管理

在设施检测对于检测过程中发现的需要维修的部位进行记录,同时通知相应的部门对需要维修的部位进行维修,维修完成后记录维修记录。用户可以在线填写报修单,系统会自动提醒维修责任部门启动维修流程,维修责任部门完成维修任务后提交维修结果,维修责任部门负责人审核后关闭维修工单。

模块 6
土建类竞赛理论方案及竞赛技能

6.1 竞赛设计方案撰写

理论方案的设计在整个技能竞赛中的地位是毋庸置疑的。在竞赛前期，它是决定作品制作的指导性文件，专家在看到实物前，通常只能根据理论方案大致判断作品的好坏。一般来说，国内很多土建类的大赛，只有通过了理论评审，才能进行实物制作或进入最终的决赛。因此，撰写一份翔实、完整的理论方案设计书，是至关重要的。完成一份理论方案，通常分为以下两个步骤：选题（确定设计内容）、撰写。

➤ 6.1.1 选题

土建类的竞赛一般有两种类型：一是土建竞技类比赛（工程测量、建筑工程识图、全国高校BIM 应用技能等比赛），一是土建创新设计类竞赛（"互联网＋"大学生创新创业大赛，广联达、鲁班等 BIM 应用毕业设计大赛，如图 6-1 所示）。对于土建竞技类比赛，通常要求作品在规定时间内完成竞赛指定的动作，这就要求参赛者仔细研究大赛组委会给出的题目以及规定要求的各个细节。此类竞赛过程往往模拟实际工程工作，以实际的工作内容为任务，以优化的真实工程为载体，然后按项目实际实施辅助相应专业设备（专业器材或相应软件）进行项目或作品的制作，同时完成前期理论方案的撰写。

图 6-1 广联达 BIM 应用技能比赛

对于土建创新类竞赛，选题是竞赛成败的关键。确定设计内容之前，必须进行市场调研，了解国内外发展的现状、取得的成果、有哪些问题尚待解决等。只有详细了解了这些背景知识，才能确定自己的方案。

通过市场调研，以及在互联网、图书馆等搜集资料，尽可能多地了解该领域的发展现状，明确课题开展的意义、要求以及要达到的预期目标。不能重复研究或者照抄照搬别人的研究成果，但可以从别人的成果中得到有益的或解决不圆满的问题，则可以在此基础上启发和借鉴。

对于他人未解决的,再继续研究和探索。

选题的过程也是制订计划的过程,要做好以下几点:

1. 确定总体规划

作品需完成哪些功能,达到何种要求;采用哪些软件进行建筑三维模型制作、施工方案及模拟动画;实现作品的外观 VR 漫游,提取总体尺寸、关键部位的材料信息等。

2. 制订合理的计划

制订计划,主要是给出大致的时间安排,采用哪些设计的方法和步骤等。尽早规划好时间,做到前紧后松,好的计划是成功的一半。

3. 考虑问题要周全

建筑三维模型可能会花费大量的时间,如果前期的准备工作没有做好,经常改动方案或者模型设计不合理,经常会出现返工甚至对方案进行大的修改的现象,这样就会浪费大量的时间,进而影响到后期的工作。

4. 学会借鉴

在确定题目以及完善方案的过程中,为了开阔思路,应该多浏览相关行业网站、论坛,学习优秀作品的长处。

➢ 6.1.2 基本要求及注意事项

以土建类作品举例,确定设计内容后,就要开始撰写理论方案了,主要从以下几个方面入手:

(1)作品设计背景及现实意义;

(2)作品的创新点及为实现工程优化所采取的措施(包括使用新工艺、新材料或新开发软件);

(3)作品方案构思及分项设计;

(4)方案的实现、建筑三维模型或实施过程中的具体步骤(如结合软件进行建筑结构建模、造价、水电布置、漫游等);

(5)对比分析项目优化后与优化前的差异,进一步突出创新的现实价值;

(6)设计说明书;

(7)设计小结(包括创新点及应用前景)。

上述内容可根据实际情况做适当调整。撰写理论方案时一定要注意,方案中出现的学术用语是否规范,图表公式是否符合要求,引用是否正确;同时对方案进行结构修改,做到层次分明、条理清晰;进行语言修改,包括用词、语法、逻辑等。还要注意,理论方案是为了把作品表达得更清楚,要实事求是、重点突出,切忌夸大其词,不能面面俱到。具体包括:

(1)作品设计要实事求是。从客观实际出发,力争做到如实反映实物,作品的实际情况不能夸大其词,也不能夹杂个人的主观偏见。

(2)方案设计要可行。可绘出简图,让人一目了然,复杂的设计最好能够分步表达。

(3)设计数据要翔实,计算要准确。相关数据要翔实,计算公式要有出处和根据,请不要省略关键步骤的推导过程。

(4)善于用图表来表达。图表不仅使方案的表述更为清晰,也给读者特来更为深刻的印象。凡是用图表或表格说明的问题,一定要在行文中对图(包括曲线图、图片等)或表格给予解释,图或表在文中分别统一编号,若同类图或表数量多,也可作为附录列于理论方案的正文之后。

(5)设计方案不宜过长。关键在于能否把问题表述清楚,尽量精辟,言简意赅。过长且拖沓的方案往往让评委觉得乏味。

(6)避免附带个人主观因素,夸大其词。如:"填补了国内外空白""构思极其巧妙""各项指标均处于国际领先地位""带来重大的社会效益及经济效益"等。

(7)图纸一定要规范。尺寸标注等必须符合国家标准和相关规定。

总之,理论方案的设计非常重要,设计期间应尽可能多地考虑实际情况会出现的问题。

6.1.3 理论方案书举例——地铁项目 BIM 应用

1.预知结果,保证目标顺利实现

BIM 信息模型(见图 6-2),可以预先观察到设计的建筑物。特别是一些细节部分,是否满足业主的要求,符合业主最初设想。

图 6-2　BIM 设计方案拓扑图

2.虚拟施工,提高施工技术水平

通过对本工程进行建造阶段的施工模拟,即实际建造过程在计算机上的虚拟仿真实现,以便能及早地发现工程中存在或者可能出现的问题。该技术采用参数化设计、虚拟现实、结构仿真、计算机辅助设计等技术,在高性能计算机硬件等设备及相关软件本身发展的基础上协同工作,对施工中的人、财、物信息流动过程进行全真环境的三维模拟,为各个参与方提供一种可控制、无破坏性、耗费小、低风险并允许多次重复的试验方法,通过 BIM 技术可以有效地提高施工技术水平,消除施工隐患,防止施工事故,减少施工成本与时间,增强施工过程中决策、控制与优化的能力。

3.运维平台,提供物业管理支撑

项目施工完毕后,将进入正式的后期运营维护阶段。通过将 BIM 模型与运维管理系统集成一体化后,可向使用者提供所需的一系列重要数据,使 HSE 等关键工作的筹备效率有了大大的提高,如强弱电部署、位置、接入点等。使用者只需轻松点击鼠标在特定的物业管理平台上便可利用 BIM 的 3D 视图直接读取与特定设施设备相关的不同电气层以及相关电线、变电箱等信息,同时自动生成工作许可工单所需的断电点和挂牌点数据。即在正式工作执行前,系统可作为工作指导手册来辅助技术工人的实际操作。

在物业管理中,与现场巡检和抄表相关的工作计划和路线制定始终是一项令人头疼的事。基于三维 BIM 模型的物业管理平台可为用户提供最优路径制定引擎功能。根据现有的巡检路线,系统可根据实际情况(如工作频率变化需对应技术工人或外包商的工作计划的重新调整)自动优化计划安排,并利用 3D 效果进行展示。装备了手持移动终端的现场技术人员在对张贴在巡检点上的条码进行扫描后便可录入其所读取的仪表数据。

6.2　PPT 制作

比赛期间,除了实物演示,还要求参赛选手对作品进行理论陈述,加深评委对参赛作品的理解,推荐选手们采用 PPT 进行演示。PPT 不仅可以制作出图文并茂的幻灯片,而且还可以配上一些如声音、动画等特殊的演示效果,是一种十分有用的演示软件。但 PPT 只是一种工具,在某种程度上,PPT 的易用性也是它最大的弱点。虽然利用它可以创建出非常精彩的幻灯片,但评委不仅要观看屏幕上显示的影像,还要聆听参赛者的讲解。

PPT 的好坏直接关系到理论答辩的成绩。不少参赛者的 PPT 存在一些诸如选材不精、文字过多、字体过小、内容太多、层次不清等问题,为此在制作 PPT 时,必须注意以下几个方面:

(1)材料要直接切入主题。不少学生自己制作或在网上下载了很多图片,一定要选择与主题密切相关的材料。创建幻灯片的目的是支持口头演示,关系不大的材料只会使演讲冗长啰唆,起负面作用。

(2)PPT 的背景颜色不要做得过于艳丽,背景最好与作品内容相关,并符合专业技术 PPT 背景的要求。

(3)不要复杂化。有时候 PPT 越是简单,反而效果越好。只需精选易于理解的图表和反映演讲内容的图片。建议每行不超过 10 个字,每张幻灯片不超过 5 行。不要用太多的文字和图片破坏演示。

(4)尽量做到一页一个主题。每页 PPT 不要超过 30 个字,一张 PPT 只表达一个主题,尽量运用数字及图表加以佐证。

(5)字体不要太小。字体太小的话会影响演讲效果,字体以 20 号字体以上为宜,重要内容还可选择黑体或加粗。

(6)幻灯片数量不能太多。PPT 的作用在于能够以简明的方式传达参赛者的观点和支持演讲者的评论,数量太多的话就不能突出重点。

(7)避免照本宣科。照念 PPT 是参赛选手最常见也是最不好的习惯,如果照本宣科,就失去了答辩的意义。PPT 与扩充性、讨论性的口头评论搭配才能达到最佳效果。主讲者要与评委保持视线接触,并注意评委的反应。PPT 只是辅助工具,主讲者的独特见解、口才、肢体动作、表达能力及临场应变才是答辩成败的关键。

(8)重视影像处理。影像图片比文字更能吸引评委的注意,选择影像时要把握原则,影像内容需要与主题相关,要有原创和冲击性,能让观众留下深刻印象。

（9）减少特技效果。预设动画特效可以让PPT更加生动,但要适可而止,否则会让听众感到一头雾水;尽量少配音,以现场口头报告的方式来展现临场效果。

（10）掌控播放时间,并适当给评委一些思考的时间。对重要内容,在展示新幻灯片时,先给观众阅读和理解的过程,然后才会加以评论,千万不要在幻灯片一开始就评论。

（11）播放完一张幻灯片后,稍微停顿,不要一口气讲完。这样不仅能带给观众视觉上的休息,还能有效地将注意力集中到更需要口头强调的内容中。

（12）演示前要严格编辑,反复修改,请自己的指导老师或同学挑毛病、找错误,避免标点符号、错别字等低级错误。

（13）进行模拟练习。为了达到良好的效果,参赛者可以模拟答辩现场,请自己的同学担任评委,多提问题、多挑毛病。赛前的模拟练习往往能有效地改善正式比赛时的演讲效果。

PPT的制作方式通常可根据作品内容而定,可以以文字叙述为主,以图片、影片为辅助,也可以以图片为主,甚至直接用动画表达。

6.3　答辩

➢ 6.3.1　答辩介绍

理论答辩是土建类竞赛的重要环节。专家及评委观看了参赛作品后,可能会有一些疑问,理论答辩与模拟展演结合起来,会让评委更清楚地了解作品,从而给出较为客观的成绩。

全国"互联网＋"大学生创新创业大赛,广联达、鲁班等BIM应用毕业设计大赛都要求参赛队员首先进行项目模拟展演和介绍,专家综合打分后,召开专家委员会,确认进入最终决赛的作品。进入最终决赛的作品还要进行理论陈述,接受专家及评审委员的质询。如图6-3所示为PPT答辩现场。

图6-3　答辩现场

通常,参赛者先介绍作品的相关内容(3～5分钟),讲解完毕后,评委会就作品中的某些问题提问(5～8分钟)。答辩成员一般由1～3人组成,1人为主讲,其他队员可以参与回答评委的提问;答辩委员会一般为6～8人以上,由相关专家组成。专家在听完主讲队员的陈述后,会提出一些问题,要求参赛选手给予正确、合理的答复。

完成一个作品大约要3个月的时间,甚至更长,但答辩时间仅有短短的几分钟,几分钟内不仅要介绍自己的作品,还要给评委留下深刻的印象,这就要求选手们做好充分的准备。答辩时要实现如下的几个目标:

(1)明确阐明选题的意义。指明作品的创作背景、现实意义,解决了哪些实际问题。

(2)合理陈述作品的功能。注意一定要实事求是,不能夸大其词,恰如其分地将作品的主要功能展示给专家和评委。

(3)突出作品的创新点。作品包括哪些模型结构,施工方案、虚拟现实手段等方面对其项目实施有哪些创新等。

(4)展望作品的应用前景。作品带来哪些经济、社会效益,给人们生产生活带来了哪些方便,有何市场前景等。

其中创新点是吸引评委成员注意的关键,因此必须予以强调,在介绍时要把作品的亮点充分展示给评委。

6.3.2　答辩注意事项

从前面分析以及土建类竞赛的特点可以知道,理论答辩对于能否在竞赛中取得好成绩至关重要。大学生在土建类竞赛答辩时,需注意以下事项:

(1)由于答辩时间相对较短,参赛者尽可能将作品的特点、创新点表达清楚,一定要突出重点、条理分明,切忌面面俱到。

(2)理论答辩通常以PPT讲解为主,辅以图片、动画、录像等,避免直接采用word文档,整版的、枯燥的文字往往不能引起评委的注意。

(3)在答辩过程中,尽量做到脱稿汇报,而不要照本宣科,否则会给评委留下不好的印象。

(4)答辩不仅是对参赛选手理论知识掌握的考查,也是对其临场应变能力、口头表达能力等综合能力的测试。参赛选手对评委的问题要积极回应;若不能正确回答,既不要闭口不言,更不能不懂装懂,蒙混过关,给评委留下不好的印象。以探求真知为目标的答辩态度,会有利于答辩的成功。

(5)尽管答辩者无法预料评委会提出什么问题,但事先为可能会提到的问题做一些准备,是大有好处的,也是必要的。评委提出的问题是围绕作品展开的,所以在答辩前要有针对性地准备评委可能要问到的问题。

(6)正式答辩前先练习,创造一个模拟答辩场所,请自己的同学担任答辩评委,锻炼自己的表达、应变等能力。

(7)答辩时衣着要整洁干净,举止行动文明,对待评委老师真诚、礼貌。

6.3.3　积极对待答辩

顺利通过理论答辩,得到评委认可并取得好的成绩,固然是一个重要的目的,但不是唯一目的。

(1)答辩是一个增长知识、开阔眼界的好机会。为了参加答辩,参赛选手在答辩前就要积极准备,对自己作品有一个全面的评价。这种准备的过程也是积累知识、增长知识、巩固知识的过程。另外,在答辩中,专家组成员也会就作品中的某些问题阐述自己的观点,或者提供有价值的信息,这样,参赛选手又可以从答辩评委提供的信息中获得新的知识。

(2)答辩是参赛选手展示自己的勇气、能力、智慧、口才的最佳时机之一。作品理论答辩也为以后的课程设计、毕业设计答辩做了一个很好的练习。不少参赛选手第一次答辩,难免会紧张,但要克服怯场的心理,尽情展示自己。

(3)答辩是大家向评委学习的好机会。答辩委员会成员,一般是较高水平的教师和专家,他们在答辩会上提出的问题往往会对参赛选手有一定的启发作用。通过提问和指导,选手就可以了解自己作品中存在的问题,为今后研究其他问题做参考。对于自己还没有搞清楚的问题,还可以直接请教老师,这对大家是一次很好的帮助和指导。

6.4 竞赛现场注意事项

全国"互联网+"大学生创新创业大赛,广联达、鲁班等 BIM 应用毕业设计大赛,都按照作品功能将作品分为几大类别,每个类别安排有专门的评委进行评审。评审过程中,要求参赛选手将作品的功能和创新之处展示给评委。在竞赛中要注意以下几个问题:

(1)充分准备。赛前一定要准备充分,充电器、电源、工具包、备用的零部件等是否齐全,仔细检查控制线路,检查连接件是否松动;同时,比赛前还要保证充分的休息,以最好的状态迎接挑战。

(2)满怀信心。不要怯场,尤其是第一次参加比赛的同学,紧张是难免的,但只要保持一个良好的心态一定会取得预期的成绩。

(3)遵守规则。赛前一定要详细阅读竞赛规则。任何细节都不能马虎,否则会造成不必要的麻烦。

(4)避免失误。很多同学在比赛中过于紧张,出现现场不能演示的情况,最好在比赛前期模拟比赛场景,多进行模拟训练,能够有效地避免此类似情况发生。

(5)突发事件。要有应急措施,赛前做好充分准备,考虑可能出现的各种情况以及处理突发事件的方案。

(6)直面失败。大学期间,可能只能参加一两次这样的比赛,若操作失误而没有得奖,未免有些遗憾。但通过参加竞赛,掌握了知识、提高了能力才是硬道理。

(7)团队信任,相互尊重。参加土建类竞赛的过程也是人与人合作的过程,必须学会善于查找自身原因,而不能总是批评别人。在相互尊重的同时,人人都可以发挥创造,无论在制作阶段还是比赛期间,大家都要主动合作,各尽所能,才能得到理想的成绩。

拓展阅读

随着 BIM 的发展,国内出现了越来越多名目繁多、规模各异的 BIM 比赛。接下来,通过几个知名的全国性比赛来抛砖引玉,为大家简要介绍一下国内目前较为知名的几个 BIM 相关比赛。

目前,具有全国性影响力规模的大赛有三个:①住博会·中国 BIM 技术交流暨优秀案例作品展示会大赛,考察设计、施工、运维、院校 BIM 应用;②"创新杯"建筑信息模型(BIM)应用大赛,考察设计 BIM 应用;③"龙图杯"全国 BIM 大赛,考察设计、施工、院校 BIM 应用。

1. 住博会·中国 BIM 技术交流暨优秀案例作品展示会大赛

住博会支持单位:中华人民共和国住房与城乡建设部。

住博会主办单位:住房和城乡建设部科技与产业化发展中心(住房和城乡建设部住宅产业化促进中心);中国房地产业协会;中国建筑文化中心。

参赛人员:企业、院校。

报名时间:6—8月(U盘快递作品)。

大赛评定:时间不定(由相关人员进行评定)。

奖项类别:设计组、施工组、运维组、院校组。

比赛评价:政府支持、权威性高,比赛涉及 BIM 的各个方面,从设计、施工、运维全生命周期展开评选,有助于 BIM 经验交流,知名度较高,推荐参加,最优秀的 BIM 作品有机会在住博会现场展出。

2. "创新杯"建筑信息模型(BIM)应用大赛

举办单位:中国勘察设计协会;欧特克软件(中国)有限公司。

参加人员:企业单位。

比赛报名:截至三四月份(每年具体时间不定,建议从2月关注,网上填写报名信息)。

提交作品:6月(网上提交作品)。

公布结果:9月(全网公开结果)。

奖项分类:以设计为主,设建筑类奖项、基础设置类奖项、综合类奖项,其中综合类奖项涉及 BIM。

比赛评价:适合企业单位,不适合学生团体,在业内知名度很高,是对企业项目的一种肯定。

3. "龙图杯"全国 BIM 大赛

举办单位:中国图学学会

参加人员:企业单位,学生团队。

比赛报名:4—6月。

提交作品:4—7月。

初评时间:8—9月。

答辩时间:9月。

公布结果:12月。

奖项分类:设计组、施工组、院校组、综合组。

比赛评价:原本只针对企业单位,但后来又增设了学生团队的奖项,举办的次数较多,赛制比较完善,但权威度不如上述大赛。

4. 中国电力建设科学进步评选

举办单位:中国电力建设企业协会。

参加团队:企业单位。

大赛报名:3月(网络邮件方式提交参赛作品)。

评定时间:4月。

奖项分类:一等奖、二等奖、三等奖。

比赛评价:举办单位比较权威,是对企业单位的肯定,奖项的含金量十分大,其中 BIM 企业可利用 BIM 技术配置相关项目。

5. 益埃毕杯全国大学生 Revit 作品大赛

举办单位:Autodesk 中国教育管理中心主办,益埃毕集团承办,欧特克软件(中国)有限公司支持。

参加人员:全国所有院校大学生(含研究生)。

报名时间:8—10 月。

提交作品:11 月。

初评时间:12 月。

答辩时间:次年 1 月。

颁奖时间:次年 1 月。

奖项分类:一等奖、二等奖、三等奖、优秀奖、最佳人气奖、优秀指导老师奖。

比赛评价:主流 BIM 软件 Revit 的技能创新应用型大赛。给学生提供接触到 Revit 前沿技术的机会,提升学生具有职业前景的崭新技能,拓宽 Revit 建模、可视化、应用的创新。获奖学生对于就业而言无疑是锦上添花。

6. 广联达全国高校 BIM 毕业设计大赛

举办单位:中国建设教育协会和各大高校。

参赛人员:大学生团队。

比赛报名:10—12 月(打印报名表,学校评定学生队伍,学校盖章)。

官网报名:11 月(上官网报名)。

提交作品:次年 5 月(期间会有相关培训)。

专家评定:次年 6 月。

奖项类别:智慧工地奖、BIM 虚拟建造奖、年度经营赛、个人分享奖、优秀组织奖。

比赛评价:专注于学生团队的培养,外加企业有相关培训,还是值得一试。

7. 鲁班全国高校 BIM 毕业设计作品大赛

主办单位:中国建筑信息模型科技创新联盟。

承办单位:上海鲁班软件股份有限公司。

协办单位:上海益埃毕建筑科技有限公司、上海红瓦信息科技有限公司。

大赛要求:

(1)毕业设计 BIM 建模大赛。

①全国中、高等院校建筑相关专业的大三、大四学生,分本科组(含研究生)和专科组(含中高职);

②以团队为参赛单位,注册审核通过后即可参加比赛;

③团队由 5 人以内的参赛队员和 1~2 位指导教师组成;

④同一个院校可组织多个参赛队;

⑤全专业建模,图纸自选,成果通过鲁班 BIM 系统集中展示,聘请专业老师在线评比。

(2)毕业设计 BIM 应用大赛。

①参赛团队:预备赛产生。

②比赛模块：B1 房建施工 BIM 专项应用、B2 房建施工过程 BIM 应用、C 市政施工过程 BIM 应用。

③网络评比出一、二、三等奖，每个模块前 10% 组参赛队获得参加总决赛资格，最终评选出 5% 组特等奖。

竞赛程序及日程：

(1)毕业设计报名时间：9 月至次年 3 月。

(2)BIM 建模大赛作品提交时间：12 月至次年 2 月。

(3)BIM 建模大赛比赛评审时间：次年 3 月上旬。

(4)建模比赛成绩公布：次年 3 月下旬。

(5)BIM 毕业设计作品提交时间：次年 5 月。

(6)BIM 毕业设计作品评审时间：次年 5 月下旬。

(7)大赛奖项公布时间：次年 6 月。

比赛评价：专注于学生团队的培养，外加企业有相关培训，还是值得一试。

8. "斯维尔杯"建筑信息模型（BIM）应用技能大赛

举办单位：中国建设教育协会、住建部工程管理和工程造价学科专业指导委员会、全国高职高专教育土建类专业教学指导委员会。

比赛报名：9—11 月（网上报名，报名后开始培训，一直培训到 12 月末）。

预选比赛：次年 1 月—3 月中旬（历时将近 3 个月）。

全国总决赛：次年 5 月。

奖项分类：参赛团队 BIM 全能奖；参赛团队 BIM 专项奖；参赛团队挑战奖；优秀指导教师奖；参赛院校组织奖。

比赛评价：参加人群为各大高校学生，团体赛配指导教师，限制专业，有具体培训，主攻 BIM 应用，很有实践价值。

模块 7

创业机会与创业风险

7.1 创业机会识别

▷ 7.1.1 案例导入

他是知名的企业家,也是受人关注的探险者。他 52 岁登顶珠峰,60 岁时求学哈佛。作为企业家中的偶像级人物,他置身聚光灯下,一言一行总受到最多关注。他的微博粉丝超过2000 万,多部著作如《道路与梦想:我与万科 20 年》《让灵魂跟上脚步》等影响着很多很多人。不用说,他就是万科集团董事会名誉主席王石。

对深圳,王石一直怀有深厚的感情。他说,35 年过去了,深圳仍然是创业的热土。如果只是靠特殊政策维持,反倒说明深圳的实践没有意义;深圳的意义就在于:它这条路是通的,特区内外都适用。

在来深圳之前,王石当过兵,做过工人,也在政府机关工作过。王石回忆,在当时那种传统气氛中,他的自我实现、自我追求的工作表现欲,受到了强烈的抑制。

1983 年,王石来到深圳。先是在深圳市特区经济发展公司(深特发)下属贸易部的饲料科担任科长,做玉米出口;后来又到科学仪器科做电脑、复印机进口。1984 年,深圳现代科教仪器展销中心成立,展销进口办公设备、视频器材。开业时员工 70 多人,年底达到 120 人左右。"我的事业就这样起步了。"

当时有一段困难的经历,至今仍让王石记忆犹新。1983 年 8 月,香港媒体报道说鸡饲料中有致癌物质,手上几千吨玉米卖不出去,整个笋岗北站都堆放着玉米,赔了 110 万元,好在后来香港报纸及时辟谣,公司没有破产;1985 年进口机电市场萎缩导致了价格大战,公司不得不裁员。另一个困难是当时的体制对公司发展的束缚,科教仪器展销中心产权并不明晰,上级单位对它的日常经营干预过多,限制了公司的进一步发展。

习惯于冒险的王石并没有因此被击倒,挫折和困难反倒成了他后来创业的财富。1988年,公司更名为"万科",王石任万科企业股份有限公司董事长兼总经理,11 月,万科参加了深圳威登别墅地块的土地拍卖。12 月,万科发行中国内地第一份《招股通函》,发行股票 2800 万股,集资 2800 万元,开始涉足房地产业。

如今的万科已是全球最大的房地产开发企业,对于万科,王石更愿将其视作是"一个作品"。他说,自己只是它的创造者中的一员。

7.1.2　创业机会的含义和类型

1.了解创业机会

创业过程离不开机会,二者密不可分。发现和创造机会,进而利用机会是创业过程中的核心部分。一些创业者受到外部激励而决定创业,接着搜索并识别机会,然后创建新企业;而另一些创业者却受到内部的激励作用,识别出问题和需求,并通过创业来填补它。因此,不管用那种方式进行创业,识别创业机会都是一个关键的环节。

2.什么是创业机会

创业机会是指在市场经济条件下,在社会经济活动过程中形成和产生的一种有利于企业经营成功的因素,是一种带有偶然性并能被经营者认识和利用的契机。市场中产品或者服务所存在的潜在价值的搜索发现即为机会,也就是说从市场中获取潜在的利润的可能性为创业机会。总的来说,创业机会就是创业者创建企业所需要的机会以及企业发展过程中的战略更新、产品或者服务更新所带来的机会。

3.创业机会的类型

好的创业机会,必然具有特定的市场定位,专注于满足客户需求,同时能为顾客带来增值的效果。一般来说,创业机会有以下几种类型:

(1)现有市场机会和潜在市场机会。

市场机会中那些明显未被满足的市场需求称为市场机会,那些隐藏在现有需求背后的,未被满足的市场需求称为潜在市场机会。

(2)行业市场机会和边缘市场机会。

行业市场机会指在某个行业内的市场机会,发现和识别的难度系数较小;边缘市场机会是在不同行业之间的交叉结合部分出现的市场机会,很难被发现,但一旦开发,成功的概率也较高。

(3)目前市场机会与未来市场机会。

目前市场机会是指那些在目前情况变化中出现的市场机会;未来市场机会是指通过市场研究和预测分析将在未来某一时期内实现的市场机会。

(4)全面市场机会与局部市场机会。

全面市场机会是指在大范围市场出现的未满足的需求;局部市场机会则是指在一个局部范围或细分市场出现的未满足的需求。

(5)创新性市场机会与均衡性市场机会。

创新性市场机会指的是新机会与企业的现存业务以及业务范围存在较大不同;均衡性市场机会则指新机会与现存企业的业务和业务范围的差异不明显。

7.1.3　创业机会识别的过程

作为一个复杂的认知过程,我们需要从动态过程观去理解创业机会识别。正如一些文献中的观点,创业机会的识别是由三个阶段构成的:

(1)产生创建新企业的想法,即开始搜索市场信息,这是机会识别的开始;

(2)对于搜索到的信息进行评价,选择具有潜在价值的机会,即创业机会的发现;

（3）通过分析评价，进一步分析机会的可行性，并决定是否进行创业行为。

这个机会识别的过程说明了，创业机会的识别过程包含了对于市场信息的搜索，找出潜在的机会；对于潜在机会的商业价值进行识别，通过对环境分析寻找最有利的商业机会；通过对自身能力的分析判断机会的可行性。这个创业机会的识别过程是广义的，即包括了对于创业机会的感知和进行评价的过程。

▷ 7.1.4　识别创业机会的方法

机会识别是创业过程中的重要环节，是一个识别好的想法，并转化为能够创造价值的概念化的商业过程。但是机会识别过程并不仅仅是简单的识别，而是一个复杂的、多层级、递归的过程，这个过程中创业者起着积极的作用。创业机会的正确识别是成功创业者所需要具备的关键能力之一，可见，机会识别在创业过程中的重要性，是成功创业的关键。同时随着创业相关研究的不断深入发展，对于机会识别的概念界定存在不同的研究视角。识别创业机会一半是艺术，一半是科学。我们应该并且能够学习的就是创业机会识别的科学规律。

对于创业机会识别而言，机会和评价是相互依存的，评价存在于整个机会的识别过程中。在初始阶段，可能仅仅是采取一些非正式的市场调查手段来对这个机会的价值进行初步的评判。随着对于机会认识的不断加深，评价的方式也逐渐正式化和规范化，对于机会的商业价值考察也越来越专业。因此，创业机会的识别对于创业者来说是至关重要的。

1. 着眼于问题发现机会

机会并不意味着无须代价就能获取，许多成功的企业都是从解决问题起步的。所谓的问题，就是现实与理想的距离。比如，顾客需求在没有满足之前就是问题，而设法满足这一需求，就是抓住了机会。

2. 利用变化把握机会

变化中常常蕴藏着无限商机，许多创业机会产生在不断变化的市场环境之中。如环境变化将带来产业结构的调整、消费结构的升级、思想观念的转变、政府政策的变化、居民收入水平的提高等。任何变化都能激发新的创业机会，需要创业者凭着自己敏锐的嗅觉去发现和创造。许多很好的商业机会并不是突然出现的，而是对"先知先觉者"的一种回报。

3. 在市场夹缝中把握机会

创业机会存在于为顾客创造价值的产品或服务中，而顾客的需求是有差异的，创业者要善于找出顾客的特殊需要，盯住顾客的个性需要并认真研究需求特征，这样就可能会发现和把握商机。当下创业者热衷于开发所谓的高科技领域等的热门课题，但创业机会并不只属于"高科技领域"，在保健、饮食、流通等所谓的"低科技领域"也有机会。

4. 跟踪技术创新把握机会

世界产业发展的历史告诉我们，几乎每一个新兴产业的形成和发展，都是技术创新的结果。产业的变更或产品的替代，既满足了顾客需求，同时也带来了前所未有的创业机会。任何产品的市场都有其生命周期，产品会不断趋于饱和达到成熟直至走向衰退，最终被新产品所替代，创业者如果能够跟踪产业发展和产品替代的步伐，就能够通过技术创新不断寻求新的发展机会。

5.捕捉政策变化把握机会

中国市场受政策影响很大,新政策出台往往引发新商机,如果创业者善于研究和利用政策,就能抓住商机,站立潮头。

6.弥补对手缺陷发现机会

很多创业机会都是缘于竞争对手的失误而"意外"获得的,如果能及时抓住竞争对手策略中的疏漏而大做文章或者能比竞争对手更快、更可靠、更便宜地提供产品或服务,也许就找到了机会。因此,创业者可追踪、分析和评价竞争对手的产品或服务,找出产品或服务中存在的缺陷,有针对性地提出改进产品的方法,形成创意并开发具有潜力的新产品或新功能,以期取得出其不意的效果,从而成功创业。

7.1.5　机会识别的影响因素

创业机会识别的影响因素主要是创业者自身的成长环境的差异性所造成的。具体如下:

(1)创业者对于技术经验、行业前景和管理企业所需要的知识(管理知识、融资知识)的认知程度不同,水平不一。

(2)创业者的网络关系的数量和质量相对来说较弱,可利用的关系产生的网络关系较少,甚至缺乏社会工作经历产生的网络关系。

(3)个人的心态以及自己所学的知识对创业内容是否有帮助或者不冲突。

综上所述,对于机会认识程度的高低强弱,与自身的知识技能、兴趣心态有着密不可分的联系。另外,机会的把握以及关系网的建立也起到了不可磨灭的作用。

 拓展阅读

BIM 与结构设计——中国尊项目

中国尊(见图 7-1),位于北京商务中心区核心区,是北京市最高的地标建筑。中国尊整个塔楼呈中部明显收腰的造型处理,这种处理方式对塔楼的结构体系产生了重要影响,为了能够对结构体系和结构构件进行精确的建筑描述,特为"中国尊"量身定制了几何控制系统。几何控制系统控制了塔楼的整个结构体系造型需求,同时也对建筑幕墙及其他维护体系进行了精确描述。几何控制系统是以最初的建筑造型原型抽离出典型控制截面,以这些截面为放样路径,将经过精确描述的几何空间弧线进行放样,由此产生基础控制面。以基础控制面为基准,分别控制产生巨柱、斜撑、腰桁架、组合楼面等结构构件,进而产生整个结构体系。以这种方式产生的结构体系,是在建筑师和结构工程师密切配合下进行的,充分满足了建筑的造型需求,同时也实现了结构安全所需要的全部条件,为"中国尊"的项目设计与建设提供了最重要的技术保障。

图 7-1　中国尊项目

7.2　创业融资渠道

创业活动是一个国家经济发展最具活力的部分,创业企业是社会经济的重要组成部分,创业活动是经济发展的新动力。李克强总理在 2015 年政府工作报告中提出推动大众创业、万众创新,并且在报告中十三次提及创业,这意味着一个全民创业的时代即将到来,创业将是这个时代的浪潮。但是创业活动面临的一大难题就是资金困难,融资问题一直是困扰创业企业发展的一大因素。随着中国经济发展,虽然国内融资渠道不断拓宽,但可供创业企业选择的融资渠道却很有限,这也在一定程度上制约了创业活动的开展。

➢ 7.2.1　创业企业融资概述

1. 创业企业融资的概念

创业企业融资(又称创业企业筹资)是指创业企业作为融资主体,根据创业过程中的资金需要,通过适当的融资渠道,应用合理的融资方式,经济有效地筹集资金的活动。资金如同企业血液,筹集创业过程中所需资金,是任何一个企业者在创业过程中都难以回避的活动。

2. 创业企业融资困境及成因

(1)创业企业规模较小,抵抗风险能力较弱。

(2)资产规模有限,难以提供有效的抵押资产。

(3)财会资料不完善,信用文化不健全。

(4)融资规模较小,融资成本较高。

3. 创业企业融资原则

(1)提前预知机会,建立资金储备。

（2）科学选择融资渠道与融资方式,降低企业融资成本。

（3）系统考虑融资风险,提高企业风险抵抗能力。

7.2.2 创业企业融资渠道

由于受我国目前创业企业融资难大环境的影响,并且在多种因素的作用下,适合我国创业企业的主要融资渠道有:自有资金、私人融资、天使投资、股权融资、众筹融资和政府资金等。

1. 自有资金

受我国金融市场发展影响,处于创建阶段的企业很难通过金融市场直接或者间接融资方式获得资金。有数据表明,处于开创期的企业自有资金占 70% 以上,此时,自有资金数额的大小在一定程度上决定了创业企业的发展命运。对于国外的创业企业,以美国为例,他们很少采用自有资金而是更多地鼓励创业企业去资本市场进行直接融资。

2. 私人直接融资

在我国金融市场上,私人融资较为活跃。私人融资主要存在于创业者的强关系网络中,基于彼此信任的因素,通过他们已经建立的社会关系,向亲戚、朋友、同事、金融机构相关人员等获取资金,它是创业融资的重要来源。

3. 天使投资

在我国,天使投资兴起于 20 世纪 90 年代,近年来逐渐成为创业企业的融资方式。天使投资具有直接、便利、快速和分散风险的特点,创业企业具有的高成长性吸引了天使投资人的兴趣。天使投资在创业企业尚未成立时进入,一般金额较小,投资者与创业企业有密切的联系,其获利方式为企业并购或者转让为主。

与国外相比,我国的天使投资发展时间较短但是发展速度较快,资金规模较小但增速明显,投资圈小但成功率较高。由于创业企业管理经验少、资金短缺、市场风险大,若能获得天使投资在管理和资金方面的支持,那么初创企业将会极易获得成功。

4. 股权融资

2009 年 10 月 23 日,深圳证券交易所正式成立了创业板,随着新三板市场逐步完善,我国形成由主板、创业板、场外柜台交易网络和产权市场的多层次资本市场体系。对于成长期和成熟期的创业企业是具有可行性的,一旦上市发行股票,可以为创业企业带来巨大的资金支持。将优先股引入创业企业融资之中,有利于帮助创业企业获取更多的融资。对股权投资者而言,由于优先股具有优先受偿和优先分配股利的权利,所以受到投资者的欢迎,成为我国创业企业可以选择的融资渠道。

5. 众筹融资

众筹融资起源于美国,是随着互联网经济的发展而出现的新的融资渠道。与美国的众筹融资相比,运行模式的差异在于美国是"线上"完成所有环节,我国是"线上＋线下"完成融资环节;制度差异在于美国是奖励制、募捐制、股权制和借贷制共存,我国是捐赠制、股权制、债权制、回报制,我国的众筹融资创新之处是开发了凭证式股权众筹、会籍式股权众筹、天使式股权众筹等新形式;在监督机制上,美国对出资人门槛有限制,国内则没有;在法律规范上,国外的众筹融资发展时间较长,有相对完善的法律法规,而我国的法律对众筹融资尚未有一个明确的定性。

6.政府资金

我国政府于 2005 年成立了政府引导基金。其运行模式为政府出资设立"母基金",风险投资机构出资设立"子基金",由专门的风险投资机构实际操作对创业企业进行投资,政府起监督管理作用,以此来发挥风险投资对我国创业企业的作用。2015 年政府工作报告中指出国家已设立 400 亿元的国家新兴产业创业投资引导基金,要整合筹措更多资金,为产业创新加油助力。政府引导基金一般是支持发展前景好、具有市场潜力的创业企业,这为其他投资者提供了参考进而产生一种跟风效应,即能够获得政府创业投资引导基金支持的创业企业也会更容易获得其他投资者的青睐。

7.2.3　创业企业融资方式

1.按资金的来源分类

按资金的来源分类,融资可分为内源融资和外源融资。内源融资是指将本企业的留存收益和折旧转化为本企业的投资。外源融资是指吸收其他经济主体的资金转化为本企业的投资。

2.按资金的融通是否通过媒介分类

按资金的融通是否通过媒介分类,融资可分为直接融资和间接融资。直接融资是不经金融机构的媒介,企业以资金最终使用者的身份直接向资金的最初提供者进行融资。间接融资是通过金融机构的媒介,资金最初提供者将资金先行提供给金融中介,然后再由这些金融机构以贷款、贴现等形式提供给资金的最终使用者的融资活动。

3.按照筹集资金的资本属性分类

按照筹集资金的资本属性分类,融资可分为权益融资和负债融资。由于筹集资金资本属性对于创业企业的决策权、控制权与利益分享权有着非常重要的影响,因此下面按筹集资金的资本属性对创业企业的融资方式进行介绍。

(1)权益融资。

权益融资是指创业企业通过向其他投资者出售企业的所有权,即用所有者的权益来筹集资金的活动。

通过权益融资方式所吸收到的资本是权益资本,权益资本的属性有:

①权益资本的所有者属于企业的所有者。企业所有者依法享受法律所赋予的所有者权益,包括参与企业的经营决策和分享收益,并对企业的债务以其出资额为限承担有限责任。

②企业对权益资本依法享有经营权。创业企业通过权益融资筹集资金的具体方式,还可以进行如下更加详细的分类:实收资本融资、发行股票融资、留存收益。

(2)负债融资。

负债融资指创业企业以还本付息为条件,以承担债务的方式,从债权人处筹集资金的活动。负债融资不仅要求创业企业到期偿还本金,而且还要按照约定的利率支付利息,而不管创业企业是否盈利。因此,负债融资会给创业企业形成固定的利息负担。并且,一旦创业企业经营出现困难,无法偿还到期债务时,债权人甚至要求创业企业破产偿债。因此,创业企业在进行负债融资时一定要慎重。

根据创业的融资实践,还可以对负债融资进行以下更加详细的分类:①银行借款;②发行公司债券;③商业信用;④民间借贷;⑤典当融资;⑥融资租赁。

7.2.4 创业企业融资成本

1.融资成本的概念

融资成本,又称资金成本,指企业为筹集和使用资金而付出的代价。资金成本包括资金筹集费用和资金使用费用两部分。

资金筹集费用指资金筹集过程中支付的各种费用,这些费用通常为一次性支出。

资金使用费用是指使用他人资金应支付的费用,或者说是资金所有者凭借其对资金所有权而向资金使用者索取的报酬。

需要补充的是,上述融资成本仅指企业融资的财务成本,或称显性成本、实际成本。除了财务成本外,企业融资还存在着机会成本,或称经济成本、隐性成本。机会成本是经济学的一个重要概念,指把某种资源用于特定用途而放弃的所有其他各种用途中的最高收益。

2.融资成本的性质

(1)融资成本是商品经济条件下资金所有权和资金使用权分离的产物,是创业企业使用他人资金而花费的代价。

(2)融资成本具有一般成本的基本属性,即都是资金耗费,其一部分计入成本费用,相当一部分则作为利润分配处理。

(3)融资成本的基础是资金时间价值,通常还应包括投资的风险价值和通货膨胀因素。

3.融资成本的作用

(1)融资成本是影响企业是否融资的重要因素。

(2)融资成本是企业选择融资渠道的基本依据。

(3)资金成本是企业选用融资方式的参考标准。

4.融资成本的计算

(1)个别融资成本计算。

①个别融资成本计算的一般公式。

个别融资成本用融资成本率表示,它是企业实际融资使用费与融资净额的比率。通常,个别融资成本率按年计算,基本计算公式如下:

$$融资成本=每年的筹资费用/(筹资数额-筹资费用)$$

该公式为个别融资成本计算的一般公式,在计算不同融资方式的融资成本时,可以根据具体条件,灵活套用使用。

②长期银行借款的资金成本。

长期银行借款是企业获取长期资金的主要方式之一。它的特点是偿还期长,利息费用作为费用在税前支付,因而利息可产生抵减所得税作用。

同时,对于大额长期借款来说,通常资金筹集费用相对很少,可以不考虑。因此,长期借款的融资成本实际上是税后资金占用成本,长期借款的资金成本计算公式为:

$$长期贷款融资成本=\frac{资金占用费}{筹资总额}=\frac{年利息\times(1-所得税率)}{借款总额}=年利率\times(1-年利税率)$$

③长期公司债券融资成本。

长期公司债券是指由公司发行的期限在1年以上,用来筹集资金的一种长期负债。公司债券融资成本中的利息费用也可以在所得税前支付,因此也可以起到抵税作用。但是,发行公司债券往往存在较高的筹资费用,其筹资费用一般包括申请费、信用评估费、公证费、以前推销费等。

此外,长期公司债券还可以平价、溢价和折价发行。如果是平价发行,则实际筹集资金等于发行债券面值总额;如果是折价发行,实际筹集资金小于债券发行面值总额;如果是溢价发行,实际募集资金大于发行债券面值总额。长期公司债券的融资成本为:

$$长期公司债券融资成本 = \frac{资金占用费}{筹资总额 - 筹资费用} = \frac{年利息 \times (1 - 所得税率)}{筹资总额 - 筹资费用}$$

④普通股融资成本。

发行普通股是股份公司筹资的主要形式。根据企业所得税法规定,普通股股利需要用税后利润支付,因此没有抵税作用。公司发行普通股也要支付大量的筹资费用,因此也需要考虑该部分费用支出对融资成本的影响。

实践中,普通股股东对公司的股利分配依公司的经营效益而定,其分配股利的不确定性和波动性较大,因此普通股融资成本的计算非常复杂。为了简便,通常在测算普通股融资成本时,假定普通股的股利是固定的或固定增长的。对于固定股利的普通股,其融资成本为:

$$固定股利普通股融资成本 = \frac{资金占用费}{筹资总额 - 筹资费用} = \frac{年每股股利}{每股发行价 - 每股发行费}$$

⑤优先股融资成本。

优先股是因为它对公司的股利和剩余财产优先分配而得名。优先股股利与普通股相同,需要在税后支付,因而优先股股利没有抵税作用。优先股的股利通常是固定的,而且也需要支付筹资费,因此优先股融资成本的计算与固定股利普通股相似,计算公式为:

$$优先股融资成本 = \frac{年每股股利}{每股发行价 - 每股发行费}$$

⑥留存收益融资成本。

留存收益是企业税后利润形成的,属于企业的权益资本,相当于企业股东对企业的投资。因此,企业留存收益的融资成本与普通股基本相同,只是不需要企业支付筹资费用。其计算公式为:

$$留存收益融资成本 = \frac{折算为普通股的每股股利}{折算为普通股的每股发行价} + 普通股股利年增长率$$

(2)综合融资成本计算。

创业企业在成长的过程中,通常需要连续不断地筹集资金。为适应这种资金筹集需要,创业企业就要通过多种渠道,采用多种方式筹集所需资金。由于从不同融资渠道或融资方式筹集到的资金的融资成本各不相同,进行融资决策时,创业企业就需要通过计算综合融资成本,明确总体融资成本。综合融资成本的计算公式为:

$$K_w = \sum_{i=1}^{n} K_i w_i$$

式中:K_w——综合融资成本;

K_i——第 i 种资金的融资成本;

w_i——第 i 种资金在全部资金中所占的比重。

➤ 7.2.5　创业企业融资流程及主要内容

1.正确的融资观念

理念决定一个企业能走多远,融资也是如此。融资是一项严肃而认真的业务,涉及企业经营管理上的方方面面。企业在融资时有必要树立以下几种理念:

(1)谨慎融资。初创企业在融资之前尽量掌握本企业的实际情况和竞争对手的情况,在满足企业发展需求的基础上进行融资。融资企业需要注意自身的资产负债率,不要因为融资而增加企业的经营成本和风险。

(2)讲信用的融资理念。企业融资时要坚持诚信融资,树立"信守承诺,讲求信用"的形象,为投资者负责,把资金方的利益放在心上。

(3)良好的融资心态。融资成功后既不能忘记企业背负的债务,也不要因为负债而小心翼翼,畏畏缩缩。

2.认清内外融资环境

创业期:要想创业成功,有第一笔启动资金至关重要,这往往决定一个企业能否成立并在市场中获得立足之地,为其未来的发展和壮大奠定坚实的基础。

发展期:企业发展到一定程度的时候,必然会面临各方面的压力。这时候,企业一鼓作气,抓住时机,壮大自身实力,成为竞争中的胜利者;或者安于现状,从激烈的市场竞争中败下阵来。想要生存下来,扩张是企业的必经之路,但很多企业这时往往不具备这样的资金实力,融资就成了必然选择。

新创企业的资金来源主要有五大类:吸纳私人资金,开展衍生业务,争取其他企业的赞助,发行股票,银行借款。

3.确定一个适当的愿景

愿景不能以引资为目的,而是为自己设立奋斗目标;愿景的实现不应仅依靠引资;愿景只是未来企业可能出现的情况,而不是企业现实情况;愿景不能完全抛开投资者的利益。

一个适当富有煽动力的愿景可以使企业的融资活动更顺利地进行,并使得投资方与企业之间形成强大的凝聚力,最终使双方成为一个利益共同体,一起为企业的发展而努力。

4.写好商业计划书

在融资的时候,写商业计划书的主要目的就是未来吸引投资人。从根本上说商业计划书就是围绕企业面临的商机,对影响企业发展的条件做出合理、充分的分析和说明。融资计划书应该注意以下几点:适当阐述产品功能,透彻描述竞争对手的情况,做好财务预测,明确而正确的融资目标。一份漂亮的商业计划书要做到:开门见山,直述主题;充分调查市场,广泛搜集资料;仔细评估商业计划书。

很多时候投资人和企业的联系就是从看商业计划书开始的。商业计划书就是企业的一个门面,极大地影响着企业融资的成败。一个好的商业计划书是要言不烦,深入浅出,重点突出,特色鲜明。

5. 选择一个合格的财务顾问

融资是一个系统工程,涉及大量财务问题。企业要做好融资,融资操作者要对财务问题有一个确切的把握。但事实上,很多企业的融资操作者是企业经营管理者,他们擅长企业管理,却不一定擅长财务;再者,创业最看重时间成本,企业管理者投入太多精力在融资上而非企业管理也不是明智之选。这种情况下,为企业选一个合格的财务顾问就特别重要。

一般而言,融资活动包括四个阶段:①融资前期,在企业的授权下,财务顾问制定详细科学的商业计划书、公司简介以及企业的财务预测、筹措资金用途安排;②财务顾问安排公司与潜在的投资方洽谈,由潜在投资方进行初步调查;③当企业和投资方达成初步合作意向之后,双方在财务顾问的参与下协商合作条款并签订融资条款;④在财务顾问的主持和会计、律师等人的配合下,投融资双方起草投资协议,签署相关法律文件。

企业选择财务顾问的时候,重点弄清楚以下问题:

①财务顾问是否具备必要的融资专业技能。

②企业需要支付哪些费用。这些费用一旦商定就不会再变动,还是根据融资的具体数而变。如何支付,多少现金,多少股份。

③如果其他人帮助企业找到了资金,那么财务顾问怎么样分费用。

④如果投资者拒绝投资,要怎么处理。

⑤财务顾问怎样担保企业成功融资。

通常融资财务顾问的收费方式是在固定费用的基础上加成功费用。成功费用一般是筹资总额的 3％～10％。如果融资失败,只收取固定费用。

6. 做好融资诊断与评估

融资诊断与评估是指企业在充分调查研究企业的优势劣势、所面临的机会和风险的基础上,进行系统的分析和诊断,判断企业对资金的需求情况,并评估出企业融资的必要性和可行性,然后企业可以根据自身所面临的内外部情况和财务状况测算出合理的需要筹集的资金量以及必需的融资成本。

7. 企业融资既要知己也要知彼

知己知彼方能百战不殆。资本是有性格的,资本性格就是投资人的性格。企业根据自身情况和投资者的目的选择投资者,有助于提高胜算。

融资者应了解投资者的风险偏好,根据企业面临的风险状况和投资的风险偏好来选择投资者。根据投资者的不同制订不同的融资方案。

7.3 理清创业思路

➢ 7.3.1 创业形式的选择

大学生创业形式如图 7-2 所示。

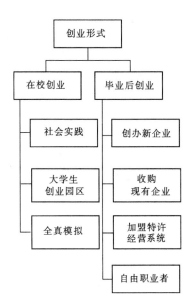

图7-2 创业形式

自由职业者的创业成功还必须具备以下几个条件,如图7-3所示。

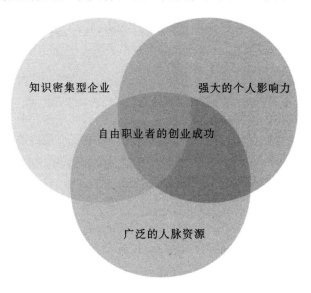

图7-3 自由职业者创业成功的条件

➤ 7.3.2 大学生创业准备

1. 做好充分的市场调研是前提

创业前期,创业者要对创业领域做好充分的了解。不同的创业者在发现创业机会后,也需要考虑一下相关产业是否适合创业,具体体现在四个维度的因素:①产业的知识因素;②产业的需求因素;③产业生命周期;④产业结构。

2. 财务分析

财务分析是对创业者筹集和使用资金的规划。资金是创业最重要的资源之一，由于创业型的企业没有足够的信用，筹资问题在创业初期总是困扰创业者的难题。创业者面对一个创业机会，对创业机会进行财务分析，有利于制订出未来筹资的规划，使创业者能有条不紊地完成创业的每个步骤，避免由于缺少资金影响创业初期的发展。

3. 人力资源分析

人力资源分析是创业者对于创业机会所需具有相关能力的人才的分析，也就是从创业者和创业团队的角度分析创业机会价值。一个创业机会，对于创业者的价值不仅仅决定其客观的创业环境，创业者及其团队是否具有所需的能力并发挥相关能力是决定创业机会选择的主观因素。创业者在评估创业机会的时候，必须把所需人才的使用成本计算在内，创业者自身也要考虑劳动力的付出程度和创业行为的机会成本。

4. 团队精神是核心

对于创业者来说，一个人独自创业是很难的，若找到志同道合、富有创业激情的人并组建成创业团队则是明智之举。能力再强的人也做不了全部的事，因此找到合适的创业伙伴并做好合理的分工，逐步形成团队精神则是企业创业成功的核心。对于优秀的企业来说，确立未来企业的核心领导人，同时确定未来企业各个部门的负责人员，在职权分配的过程当中要职责明晰，职务明确责任到人，通过激励的方法与手段才能形成富有竞争力的团队。

➤ 7.3.3 把握创业政策

目前，全国多个省市都公布或已实施了针对大学生创业的政策措施。大学生创业者要研究各项措施，争取获得政策红利。2015 年西安市出台了《进一步做好新形势下就业创业工作的实施意见》，其中措施提及毕业 2 年内高校毕业生或在西安市初次创业的在校大学生，可按规定申请 2000 元的一次性创业补贴。

➤ 7.3.4 制订创业计划

所谓创业计划，就是全面、清楚地把创业构想通过一定的形式表达出来。任何一个人在创业之前，都必须对创业目标有一个科学规划和设计。创业计划就是根据企业营运原理和数以千计的企业创业经验，结合自己的实际，整理出一套全面、渐进的程序和方法，以便能够分阶段、分步骤地实现创业目标。所以，制订创业计划，就是要把创业目标逐步分解，并分布在不同的创业阶段，这样才能准确地把握不同创业阶段的不同任务，提高创业的效率。

1. 创业计划书的基本要求与核心内容

创业初期阶段需要一个明晰的创业计划书，理清创业的目的、预测风险、积极创新项目来推动创业初期的发展战略的执行及经营战略的执行。在融资初期，编写计划书不仅能够明晰创业初期融资计划，完美的创业计划书还可以吸引长期合作的投资伙伴进行合作。

创业计划书是创业者创立业务的书面摘要，它用以描述与拟办企业相关的内外部环境条件和要点特长,为业务的发展提供指示图和衡量业务进展情况的标准。

创业计划书编写要客观、真实地反映创业企业的融资能力,不同的项目有不同的行业分析、投资侧重点不同、项目产品特色不同,要根据不同的创业项目认真撰写不同的创业计划书。

创业计划书内容包括:

(1)创业计划书概要。

虽然创业计划书概要是计划书一开始看到的部分,但是编写却是最后完成的部分,它是创业计划书的精华,要把创业企业的亮点、项目的亮点、客户的亮点、团队的亮点,通过创业计划书概要部分撰写出来。

(2)创业项目、产品介绍。

创业项目、产品详细介绍部分,介绍创业项目的优势和创业产品的特点,对研发、盈利进行详细介绍,然后根据市场分析,细分市场,分析创业项目和创业产品的竞争优势,如对创业项目、产品的特点以及投资亮点、盈利能力等进行分析介绍。

(3)商业模式和实施计划。

实施计划包括实施战略团队、销售渠道、营销、资金、合作等计划,实施计划与其他部分的设计要保持一致,形成合理的融资计划、资金运行计划和人力资源管理计划等。

(4)执行团队。

高素质的管理人员和良好的组织结构是管理好企业的重要保证。因此,风险投资家会特别注重对管理队伍的评估。要特别注重核心团队成员的从业经历及擅长的领域,让团队有更好的互补性和完整性。

(5)财务风险、风险控制。

创业者根据竞争优势,除了内部财务风险预测外,聘请专业财务预测专家预测创业项目的风险性,预测项目财务风险,可以及时控制风险的诞生,增强投资对象对创业项目的信心,减少投资人的顾虑。

(6)融资方案。

融资方案是根据创业计划,创业项目、产品的特点,结合创业团队的优势,针对创业客户的优势,结合财务风险分析和财务风险控制的计划,编写的能够吸引战略投资伙伴的融资计划和融资策略方案。

2. 创业计划书的商业模式探究

创业计划书的商业模式是提升创业企业融资能力的关键,也是整个创业项目成功融资的关键。商业模式的设计是商业策略的一个组成部分,商业模式实施是创业企业组织结构、机构设置、工作流程和人力资源管理设置的关键;除此之外,也是系统构架的过程。商业模式和商业模式设计是商业计划书成功寻求融资对象和投资战略合作伙伴的最关键环节,关系到整个创业项目的成功,也是提升创业企业核心竞争力的科学预测环节。

3. 市场预测与市场调查

通过第三方调查,调查创业企业创业项目的价值评估、客户群及未来盈利方向。通过未来潜在竞争对手的调查,对创业项目未来的盈利空间、竞争优势及合作伙伴进入条件、合作空间等进行细分市场调查与细分市场预测。

4.创业产品、创业项目的优点挖掘过程

通过可识别客户资料搜集及竞争对手资料搜集,通过创业者自己的分析与总结,可以分析出创业产品、创业项目的优点,根据创业团队核心成员的创业经验,总结出创业项目和创业产品的优势,进入创业项目、创业产品的潜力市场挖掘阶段。

5.创业计划书的审查

创业计划书编写完成后,创业者可以将创业计划书带给各潜在投资战略合作者进行协商,根据投资战略合作人的投资意向进行谈判。

7.4 创业风险识别

➤ 7.4.1 案例导入

1.悟空单车

关键词:共享经济。

背景:"悟空单车"隶属于重庆战国科技有限公司,于 2017 年 1 月 7 日正式对外运营,用户通过手机 App 扫码取车,需付押金 99 元。悟空单车曾计划于 2017 年 6 月,在 10 座城市投放30 万辆单车,在 12 月,预计累计投放 300 万辆单车,入驻城市达 100 座。

失败原因:自 2017 年 6 月起,悟空单车正式终止服务,退出共享单车市场。悟空单车的90 后创始人雷厚义表示,在 ofo 和摩拜等企业已经占据大部分市场份额时,悟空单车难以形成规模,在持续烧个人资金且账上余额所剩不多的情况下,只能停止运营。

2.完美幻境

关键词:VR。

背景:完美幻境成立于 2013 年,是国内最早进入 VR 全景相机行业的企业,拥有自主研发的 Eyesir 系列 VR 相机产品。

失败原因:资金链断裂,行业趋冷。2017 年 3 月,全景相机公司完美幻境被深圳南山法院查封,公司 CEO 赵博疑似失联。2017 年,在 VR 行业仍未能迎来爆发,完美幻境的钱却已烧光,最终宣告失败。可以预见的是,在 VR 行业未能迎来爆发的当下,还会有更多的 PPT 驱动型 VR 企业走在倒闭的路上。

➤ 7.4.2 创业风险的来源

创业是一种机会驱动导向的思考、推理和行为方式,创业与风险密不可分。

创业风险是指创业过程中存在的各种风险,即指由于创业环境的不确定性、创业机会与新创业的复杂性、创业者或创业团队与投资者的能力和势力的有限性而导致创业活动结果的不确定性。

创业的风险主要有以下几个方面:①盲目选择项目;②创业技能缺乏;③资金风险;④社会

资源贫乏;⑤管理风险;⑥竞争风险;⑦团队分歧的风险;⑧缺乏核心竞争力的风险;⑨人力资源流失风险;⑩意识上的风险。

7.4.3　创业风险的识别方法

风险识别是指风险刚出现或者出现之前就予以识别,以有效把握各种风险信号及其产生的原因。企业经营者如不能正确、全面地认识企业可能面临的所有潜在损失,就不能及时发现和预防风险,也难以选择最佳处理方法。因此,风险管理的第一步就是要正确、全面地认识可能面临的各种潜在损失。

创业风险识别的具体方法主要有以下几种:

1.业务流程法

创业者可通过业务流程图将企业从原材料采购直至送到消费者手中的全部业务经营过程分为若干环节,对每个环节配以更为详尽的作业流程图,据此确定每个环节需要重点进行预防和处置的地方。

2.咨询法

创业者可以一定的代价委托咨询公司或者保险代理人进行风险调查和识别,并提出风险管理方案,提供经营决策参考。

3.现场观察法

创业者可通过直接观察企业的各种生产经营设施和具体业务活动来了解和掌握企业面临的各种风险。

4.财务报表法

创业者可通过分析资产负债表、损益表和现金流量表等报表中的每个会计科目,确定某一特定企业在何种情况下会有什么样的潜在损失及造成损失的原因。

7.4.4　创业风险的规避

1.选择项目的风险规避

(1)项目选择前要做好充分的市场调研。

①调查市场供求状况。

②调查商品生命周期。

③调查消费者购买行为。

④调查竞争对手。

⑤调查市场环境。

⑥对市场进行预测。

(2)掌握正确的创业项目选择的途径与方法。

①项目选择途径。

②目标市场选择。

③经营类型选择。

（3）要对创业项目进行科学的评估。

①市场评估。在市场调查基础上，对所选项目的市场需求、市场发展前景、市场利益空间、市场可占有份额等进行综合分析和评价。

②条件评估。主要是对创业项目所需人、财、物、技术等的可能性进行论证。

③经济规模评估。投资的直接目的是以最少的投入获取最大的效益，经济规模评估就是根据技术、资金、市场等条件，论证所选项目可能达到的规模，这一生产经营规模对投资效益目标的可实现程度。

④投资概算与筹措。即资金需求、筹资方案（自有资金、借入资金）等。

⑤效益分析。效益分析包括项目生命周期、成本费用、销售收入、税收利润等。效益分析可建立在对两个项目对比分析基础上，通过对比，选择最优项目。

⑥环境评估。从国家、地区、行业发展导向和趋势角度，对所选项目生产经营所处的政治、经济、社会等有利与不利因素进行分析，以决定项目能够走多远。如政策与法律环境，创业项目应该是国家和法律允许准入的行业和领域。

⑦风险评估。创业意味着投资，投资就有风险。制约企业发展的风险因素包括市场风险、自身风险和其他风险，一般情况下报酬率相同时人们会选择风险小的项目；风险概率相同时，人们会选择报酬率高的项目。

2.融资风险的规避

（1）规范投资行为，理性分析投资环境。

（2）树立风险意识，建立风险防范机制。

（3）采用多元化融资渠道，分散融资风险。

（4）确定合理的负债结构，规避资金偿还风险。

（5）严格专利技术保密程序，防范失密风险。

（6）防范各种融资陷阱。

①陷阱一：考察费。

②陷阱二：项目受理费。

③陷阱三：撰写商业计划书费用。

④陷阱四：评估费。

⑤陷阱五：保证金。

3.经营风险的规避

（1）采购风险防范与控制。

在市场经济条件下，企业所面临的采购风险主要是来自于市场经济运行的复杂性、不规则性，以及经营者相关能力的有限性，具体来说就是如何选择安全、高效的采购形式、方法和运输手段，如何取得物美价廉的物资，以及防止其他经营主体的营私舞弊等。

（2）销售风险的防范与控制。

销售风险是企业围绕产品销售、劳务提供及其市场份额的争夺，与消费者、竞争对手以及与其他市场经营主体和非经营主体打交道的过程中发生的各种市场风险。企业销售风险的防范和控制措施包括：

①企业确立以销定产、以产定购的生产经营运行体系,将企业纳入市场经济的轨道,将市场生命根植于市场经济的土壤之中。

②建立健全市场信息网络。广泛收集信息情报资料,动态跟踪市场经济的发展,及时了解消费者的需要、竞争对手的策略变化,主动研究市场,发现市场的机遇。

③建立精干高效的营销队伍,给以合理的权限,明确其职能范围,以使其在市场营销机遇面前快速反应,果断决策,保持与市场前沿的沟通。

④加强企业销售与收款循环的内部控制措施,如授权批准控制、组织结构控制、职责分工控制等。

（3）结算风险的防范与控制。

企业面临的结算风险是指企业在与其他企业发生采购与销售货款结算过程中发生的各种经营风险。具体防范和控制措施有：

①加强购销合同的管理。

②严格遵循相关规定。

③完善应收款账的管理。

④积极调整产品结构,提高产品质量,多生产那些效益好、货款回收率高的产品,并加强售后服务,提高企业信誉,吸引更多客户,增加企业收入,缩短企业资金周转周期。

（4）人力资源风险的防范与控制。

人力资源风险是指对人的录用、培训、鉴别、提拔或调整的过程中所出现的各种风险。

①加强企业人事、工薪方面的内部控制与管理,完善企业人才选拔的标准、原则和程序,健全企业人员培训、提拔、绩效评价等方面的控制与管理,加强对人员的监督与激励。

②进行人事内部控制制度的评审,促进企业切实建立科学分配机制,最大限度调动员工的积极性,保证干部聘用的公开、公正,实行能者上、平者让、庸者下的原则,防止人才的流动。

③加强对企业组织控制,实现部门、人员间的相互牵制。

④企业要加强对日常人事风险的评估,增强风险驾驭能力。

（5）生产风险的防范与控制。

企业的生产风险是指企业各种生产要素在生产现场加工并形成产品或完成劳务的过程中所发生的各种经营风险,其主要内容是由于生产现场部署或操作中的漏洞、疏忽、失误可能给企业造成的各种损失。规避生产风险可从以下几方面入手：

①加强生产目标管理,制订严密的生产计划和生产作业计划,明确生产及管理的具体要求。

②劳动力、资金、物资和信息等生产要素在时间、数量和质量方面必须符合生产过程的需要,它们在生产过程中能够迅速有效结合起来,且形成一个有效的整体。

③落实生产计划和作业计划,保证生产产品的品种、数量、质量、交货期、成本等处于良好的控制状态,以尽可能少的人力、物力、财力消耗完成生产任务。

④保证生产过程的各种信息正常产生、加工、传递和使用,为生产风险防范指示方向。

4.创新与竞争风险的规避

创业致富离不开创新,新创企业要增强新产品的设计、开发能力,抢占市场竞争的制高点,应变未来挑战,离开创新是万万不行的。在创业初期,许多创业者都要面临激烈的市场竞争,竞争是不可避免的。竞争的最高境界不是与竞争对手面对面地对抗,也不是与对手拼个你死我活,而是学会寻求互惠共存之道,超越竞争对手,为自己开辟一个全新的领域和生存空间。面对强大的竞争对手,懂得妥协和低调,这是避免竞争风险、保存实力的最佳策略。

①注重培养创新思维。

②重视保护无形资产。

③善于借助强者的势力生存。

④聪明的模仿比创新更迫切。

⑤持续创新,永远领先对手。

模块 8

新创企业

8.1 如何申办成立公司

新创企业是指创业者利用商业机会通过整合资源所创建的一个新的具有法人资格的实体,它能够提供产品或服务,以获利和成长为目标,并能创造价值。

新创企业是处于发展早期阶段的企业。全球创业观察(GEM)报告中的新创企业指成立时间在42个月以内的企业。通常这类企业成立时间不长,处于创立期或成长期。作为一个新创企业首先必须拥有完整的法人财产权利;必须明确各个阶段面对的关键问题、需要实现的目标、面对的任务;善于把握企业外部的抑制性因素,善于把握企业成长不同阶段之间的"拐点",即企业成长不同阶段之间的"转折点",做好在"拐点"上应该做好的事情。

➤ 8.1.1 公司成立的含义

公司成立是指对已具备法定条件,完成申请程序的公司由主管机关发给经营执照从而取得公司法人资格的过程,公司成立日期就是营业执照的签发日期。

➤ 8.1.2 公司类型

1.有限责任公司

有限责任公司是由50个以下的股东出资设立,每个股东以其所认缴的出资额对公司承担有限责任,公司法人以其全部资产对公司债务承担全部责任的经济组织。

适用情况:适合创业的企业类型,大部分的投融资方案、VIE架构等都是基于有限责任公司进行设计的。

对于初创企业来说,有限责任公司是目前最适合的企业类型,原因如下:

(1)有限责任公司的股东,只需要以出资额为限承担"有限责任",在法律层面上就把公司和个人的财产分开了,可以避免创业者承担不必要的财务风险。

(2)有限责任公司运营成本低,机构设置少,结构简单,适合企业的初步发展阶段。

(3)目前成熟的天使、VC,几乎都基于"有限责任公司"设计投资方案。直接注册"有限责任公司",在未来引进投资过程中也会比较顺利。

2.股份有限公司

股份有限公司由 2 人以上 200 人以下的发起人组成,公司全部资本为等额股份,股东以其所持股份为限对公司承担责任。

适用情况:适用于成熟、大规模类型公司,设立程序较为严格和复杂,不太适用于初创型和中小微企业。

3.有限合伙企业

有限合伙企业由普通合伙人和有限合伙人组成,普通合伙人对合伙企业债务承担无限连带责任,有限合伙人以其认缴的出资额为限对合伙企业债务承担有限责任。

适用情况:适用于风险投资基金、公司股权激励平台(员工持股平台)。

4.外商独资公司

外商独资公司是指外国的公司、企业、其他经济组织或者个人,依照中国法律在中国境内设立的全部资本由外国投资者投资的企业。

适用情况:股东为外国人或外国公司的企业,流程相对内资公司更复杂,监管更严格。在名称上与有限责任公司一致。

5.个人独资企业

个人独资企业是指个人出资经营、归个人所有和控制、由个人承担经营风险和享有全部经营收益的企业。投资人以其个人财产对企业债务承担无限责任。

适用情况:适用于个人小规模的小作坊、小饭店等,常见于对名称有特殊要求的企业,如××中心、××社、××部等。

6.国有独资公司

国有独资公司是指国家单独出资、由国务院或者地方人民政府授权本级人民政府国有资产监督管理机构履行出资人职责的有限责任公司。

7.其他

非公司企业:具有投资资格的法人、其他经济组织。

外资企业:外方为公司、法人、其他经济组织和自然人,中方为公司、法人及其他经济组织。

➢ 8.1.3 设立公司的程序

1.设立公司概述

根据《中华人民共和国公司登记管理条例》第 17 条的规定,设立公司应当申请名称预先核准。其中,法律、行政法规或者国务院决定规定设立公司必须报经批准,或者公司经营范围中属于法律、行政法规或者国务院决定规定在登记前须经批准的项目的,应当在报送批准前办理公司名称预先核准,并以公司登记机关核准的公司名称报送批准。

设立有限责任公司,应当由全体股东指定的代表或者共同委托的代理人向公司登记机关申请名称预先核准;设立股份有限公司,应当由全体发起人指定的代表或者共同委托的代理人向公司登记机关申请名称预先核准。

申请名称预先核准,应当提交下列文件:

(1)有限责任公司的全体股东或者股份有限公司的全体发起人签署的公司名称预先核准申请书;

(2)全体股东或者发起人指定代表或者共同委托代理人的证明;

(3)国家工商行政管理总局规定要求提交的其他文件。

预先核准的公司名称保留期为 6 个月。预先核准的公司名称在保留期内,不得用于从事经营活动,不得转让。

2.设立公司登记程序

公司设立人首先应当向其所在地工商行政管理机关提出申请。设立有限责任公司应由全体股东指定的代表或共同委托的代理人作为申请人;设立国有独资公司应由国务院或者地方人民政府授权的本级人民政府国有资产监督管理机构作为申请人;设立股份有限公司应由董事会作为申请人。

(1)申请设立有限责任公司,应当向公司登记机关提交下列文件:

①公司法定代表人签署的设立登记申请书;

②全体股东指定代表或者共同委托代理人的证明;

③公司章程;

④股东的主体资格证明或者自然人身份证明;

⑤载明公司董事、监事、经理的姓名、住所的文件以及有关委派、选举或者聘用的证明;

⑥公司法定代表人任职文件和身份证明;

⑦企业名称预先核准通知书;

⑧公司住所证明;

⑨国家工商行政管理总局规定要求提交的其他文件。

(2)申请设立股份有限公司,应当向公司登记机关提交下列文件:

①公司法定代表人签署的设立登记申请书;

②董事会指定代表或者共同委托代理人的证明;

③公司章程;

④发起人的主体资格证明或者自然人身份证明;

⑤载明公司董事、监事、经理的姓名、住所的文件以及有关委派、选举或者聘用的证明;

⑥公司法定代表人任职文件和身份证明;

⑦企业名称预先核准通知书;

⑧公司住所证明;

⑨国家工商行政管理总局规定要求提交的其他文件。

8.2 股东出资与创业团队

➤ 8.2.1 股东出资

1. 股东的概念

股东是股份有限公司或有限责任公司中持有股份/股权的人,有权出席股东(大)会并有表决权。

以股东主体身份来分,股东可分机构股东和个人股东。机构股东指享有股东权的法人和其他组织。机构股东包括各类公司、各类全民和集体所有制企业、各类非营利法人和基金等机构和组织。个人股东是指一般的自然人股东。

2. 股东的权利义务

(1)股东权利。

①知情质询权。

《中华人民共和国公司法》规定,有限责任公司股东有权查阅、复制公司章程、股东会会议记录、董事会会议决议、监事会会议决议和财务会计报告;股份有限公司股东有权查阅公司章程、股东名册、公司债券存根、股东大会会议记录、董事会会议决议、监事会会议决议、财务会计报告,对公司的经营提出建议或者质询。

董事、高级管理人员应当如实向监事会或者不设监事会的有限责任公司的监事提供有关情况和资料,不得妨碍监事会或者监事行使职权;有权知悉董事、监事、高级管理人员从公司获得报酬的情况;股东(大)会有权要求董事、监事、高级管理人员列席股东会议并接受股东的质询。

公众可以向公司登记机关申请查询公司登记事项,公司登记机关应当提供查询服务。

②决策表决权。

股东有权参加(或委托代表参加)股东(大)会并根据股份比例或其他约定行使表决权、议事权。《中华人民共和国公司法》还赋予对违规决议的请求撤销权,规定:如果股东会或者股东大会、董事会的会议召集程序、表决方式违反法律、行政法规或者公司章程,或者决议内容违反公司章程的,股东可以自决议做出之日起 60 日内,请求人民法院撤销。

③选举权。

股东有权选举和被选举为董事会成员、监事会成员。

④收益权。

股东有权依照法律、法规、公司章程规定获取红利,分取公司终止后的剩余资产。

⑤解散公司请求权。

《中华人民共和国公司法》第 182 条规定:"公司经营管理发生严重困难,继续存续会使股东利益受到重大损失,通过其他途径不能解决的,持有公司全部股东表决权 10% 以上的股东,可以请求人民法院解散公司。"

⑥股东代表诉讼权。

"股东代表诉讼",是指公司的董事、监事和高级管理人员在执行职务时违反法律、行政法规或者公司章程的规定,给公司造成损失,而公司又怠于行使起诉权时,符合条件的股东可以以自己的名义向法院提起损害赔偿的诉讼。

⑦优先权。

股东在公司新增资本或发行新股时在同等条件下有认缴优先权,有限公司股东还享有对其他股东转让股权的优先受让权。

⑧提议召集权。

提议召集权是指临时股东会的提议召集权。在非股东会的定期召集时间,但是又有特别情况时,为了能够更大程度地扩大公司利益和实现股东利益,若符合一定条件时,股东可以提议召集临时股东会。

(2)股东义务。

①遵守法律、行政法规和公司章程。

②按时足额缴纳出资,不得抽逃出资。

③不得滥用股东权利损害公司或者其他股东的利益;应当依法承担赔偿责任。

④不得滥用公司法人独立地位和股东有限责任损害公司债权人的利益。公司股东滥用公司法人独立地位和股东有限责任,逃避债务,严重损害公司债权人利益的,应当对公司债务承担连带责任。

3.股东出资的含义和方式

股东出资是指股东(包括发起人和认股人)在公司设立或者增加资本时,为取得股份或股权,根据协议的约定以及法律和章程的规定向公司交付财产或履行其他给付义务。

《中华人民共和国公司法》第27条第1款规定:"股东可以用货币出资,也可以用实物、知识产权、土地使用权等可以用货币估价并可以依法转让的非货币财产作价出资;但是,法律、行政法规不得作为出资的财产除外。"由此可见,我国公司法所确认的股东出资方式有货币和非货币财产两种。

①货币。

这里所说的货币,通常是指我国的法定货币,即人民币。设立公司必然需要一定数量的货币,用以支付创建公司的开支和公司设立后的生产经营费用。所以,股东可以用货币进行出资。股东一方是外国投资者的,也可以用外币出资。

②实物。

实物指有形物,法律上把财产区分为有形财产和无形财产两大类,实物属于有形财产的一部分。

有形财产又可以分为动产和不动产。所谓不动产是指不能自由移动或一旦移动会破坏其物质形态或经济价值的财产。动产则是指不动产以外,可以移动并不因移动而破坏其原有经济价值和物质形态的财产。

作为有限责任公司股东出资种类的实物,主要是动产,不动产属次要地位。股东以实物出资一般应符合以下两个条件:第一,该实物原为股东所有。第二,该出资实物是公司生产经营所必需的,否则这种出资就没有意义,只是给公司增加变卖该实物的麻烦而已。

③知识产权。

知识产权包括著作权和工业产权。知识产权是指民事主体对智力劳动成果依法享有的专有权利。

知识产权的范围主要包括著作权和邻接权、专利权、商标权、商业秘密权、植物新品种权、集成电路布图设计权、商号权等。

④土地使用权。

公司开展生产经营活动,需要一定的场所,因此,公司股东可以以土地使用权作价出资。

一般来说,公司取得土地使用权的方式有两种:一种是股东以土地使用权作价后向公司出资而使公司取得土地使用权;二是公司向所在地的市(县)级土地管理部门提出申请,经过审查批准后,通过订立合同而取得土地使用权,公司则依法交纳场地使用费。前者为股东出资方式,后者则是公司设立后的经营行为。股东以土地使用权出资,必须符合国家有关法律、行政法规的规定,并要履行有关法律手续。

➢ 8.2.2 创业团队

创业团队是指在创业初期(包括企业成立前和成立早期),由一群才能互补、责任共担、愿为共同的创业目标而奋斗的人所组成的特殊群体。

1.创业团队组成

一般而言,创业团队由四大要素组成:

(1)目标。目标是将人们的努力凝聚起来的重要因素,从本质上来说创业团队的根本目标都在于创造新价值。

(2)人员。任何计划的实施最终还是要落实到人的身上去。人作为知识的载体,所拥有的知识对创业团队的贡献程度将决定企业在市场中的命运。

(3)团队成员的角色分配,即明确各人在新创企业中担任的职务和承担的责任。

(4)创业计划,即制订成员在不同阶段分别要做哪些工作以及怎样做的指导计划。

2.作用

现代企业,需要的是少走从前的弯路,而从一开始就走规范化管理道路,因此,创业者在注册公司时就应该组建创业团队。一个好的创业团队对新创科技型企业的成功起着举足轻重的作用。新型风险企业的发展潜力(以及其打破创始人的自有资源限制,从私人投资者和风险资本支持手中吸引资本的能力)与企业管理团队的素质之间有着十分紧密的联系。一个喜欢独立奋斗的创业者固然可以谋生,然而一个团队的营造者却能够创建出一个组织或一个公司,而且是一个能够创造重要价值并有收益选择权的公司。创业团队的凝聚力、合作精神、立足长远目标的敬业精神会帮助新创企业渡过危难时刻,加快成长步伐。另外,团队成员之间的互补、协调以及与创业者之间的补充和平衡,对新创科技型企业起到了降低管理风险、提高管理水平的作用。

3.创业团队的组建程序及其主要工作

创业团队的组建是一个相当复杂的过程,不同类型的创业项目所需的团队不一样,创建步骤也不完全相同。

(1)明确创业目标。创业团队的总目标就是要通过完成创业阶段的技术、市场、规划、组织、管理等各项工作实现企业从无到有、从起步到成熟。总目标确定之后,为了推动团队最终实现创业目标,再将总目标加以分解,设定若干可行的、阶段性的子目标。

(2)制订创业计划。在确定了一个个阶段性子目标以及总目标之后,紧接着就要研究如何实现这些目标,这就需要制订周密的创业计划。创业计划是在对创业目标进行具体分解的基础上,以团队为整体来考虑的计划,创业计划确定了在不同的创业阶段需要完成的阶段性任务,通过逐步实现这些阶段性目标来最终实现创业目标。

(3)招募合适的人员。招募合适的人员也是创业团队组建最关键的一步。关于创业团队成员的招募,主要应考虑两个方面:一是考虑互补性,即考虑其能否与其他成员在能力或技术上形成互补。这种互补性形成既有助于强化团队成员间彼此的合作,又能保证整个团队的战斗力,更好地发挥团队的作用。一般而言,创业团队至少需要管理、技术和营销三个方面的人才。只有这三个方面的人才形成良好的沟通协作关系后,创业团队才可能实现稳定高效。二是考虑适度规模,适度的团队规模是保证团队高效运转的重要条件。团队成员太少则无法实现团队的功能和优势,而过多又可能会产生交流的障碍,团队很可能会分裂成许多较小的团体,进而大大削弱团队的凝聚力。一般认为,创业团队的规模控制在2~12人之间最佳。

(4)职权划分。为了保证团队成员执行创业计划、顺利开展各项工作,必须预先在团队内部进行职权的划分。创业团队的职权划分就是根据执行创业计划的需要,具体确定每个团队成员所要担负的职责以及相应所享有的权限。团队成员间职权的划分必须明确,既要避免职权的重叠和交叉,也要避免无人承担造成工作上的疏漏。此外,由于还处于创业过程中,面临的创业环境又是动态复杂的,不断会出现新的问题,团队成员可能不断出现更换,因此创业团队成员的职权也应根据需要不断地进行调整。

(5)构建创业团队制度体系。创业团队制度体系体现了创业团队对成员的控制和激励能力,主要包括了团队的各种约束制度和各种激励制度。一方面,创业团队通过各种约束制度(主要包括纪律条例、组织条例、财务条例、保密条例等)指导其成员避免做出不利于团队发展的行为,实现对其行为的有效约束,保证团队的稳定秩序。另一方面,创业团队要实现高效运作要有有效的激励机制(主要包括利益分配方案、奖惩制度、考核标准、激励措施等),使团队成员才能看到随着创业目标的实现,其自身利益将会得到怎样的改变,从而达到充分调动成员的积极性、最大限度发挥团队成员作用的目的。要实现有效的激励首先就必须把成员的收益模式界定清楚,尤其是关于股权、奖惩等与团队成员利益密切相关的事宜。需要注意的是,创业团队的制度体系应以规范化的书面形式确定下来,以免带来不必要的混乱。

(6)团队的调整融合。完美组合的创业团队并非创业一开始就能建立起来的,很多时候在企业创立一定时间以后随着企业的发展逐步形成的。随着团队的运作,团队组建时在人员匹配、制度设计、职权划分等方面的不合理之处会逐渐暴露出来,这时就需要对团队进行调整融合。由于问题的暴露需要一个过程,因此团队调整融合也应是一个动态持续的过程。在完成了前面的工作步骤之后,团队调整融合工作专门针对运行中出现的问题不断地对前面的步骤进行调整直至满足实践需要为止。在进行团队调整融合的过程中最为重要的是要保证团队成员间经常进行有效的沟通与协调培养强化团队精神,提升团队士气。

8.3 创业初期的营销管理

创业成功的标志就是成功实现产品的销售。对于一个刚创业的企业,拥有了一种新产品后,如何把新产品成功推向市场就成了一个至关重要的问题。

➢ 8.3.1 创业营销的概念

所谓创业营销,就是创业企业家凭借创业精神、创业团队、创业计划和创新成果,获取企业生存发展所必需的各种资源的过程,它实际上是一种崭新的创业模式。今天,对于大多数年轻的创业者来说,既缺乏资金和社会关系,又缺乏商业经验,所拥有的只是创业激情和某种新产品的原始构思或某种新技术的初步设想。要获得成功,除了勇气、勤奋和毅力外,还必须依赖于有效的创业营销来获得创业所需的各种资源。

➢ 8.3.2 创业营销的阶段

成功的创业营销一般需要经历四个阶段:创意营销阶段、商业计划营销阶段、产品潜力营销阶段和企业潜力营销阶段。

1. 创意营销阶段

创业企业家萌发了一种创业冲动或创业构想,但这种冲动或构想还停留在大脑中,创业企业家必须将其转变为一个清晰的概念或开发出某种产品原型或技术路线,才能与其他人进行沟通交流。当这些工作完成时,他最需要的是寻找志同道合者组成创业团队。因为一个人很难精通创业过程中需要的所有技能,也不一定拥有创业所需的关键资源。优秀的团队是成功创业的关键因素,团队成员最好在信念、价值观和目标等方面基本一致,又具有献身共同事业的强烈愿望,而且在资源、技能、经验、个性和思维模式等方面具有互补性。

2. 商业计划营销阶段

商业计划营销创业团队形成之后,就要着手撰写详尽的商业计划。通过商业计划吸引投资者尤其是风险投资家的注意并获取风险投资。成功的商业计划除了要有概念上的创新外,重要的是进行现实的、严谨的市场调研和分析。如果商业计划营销获得成功,创业团队获得了风险资金,就可以正式建立创业企业,进行商业化的新产品开发。这一阶段表面上营销的是创业企业的商业计划,实际上也是对新产品和创业团队的全面检验。

3. 产品潜力营销阶段

当商业化的新产品开发出来之后,创业企业就需要大量的投资来进行产品的批量生产和大规模销售。而创业企业一般难以获得银行贷款或供应商的支持,而且也缺乏丰富的商业关系和经验,因此它需要再次从外部投资者那里获得支持。这时外部投资者最好是企业的战略投资者,他们不仅可以带来资金,更重要的是还能带来管理经验和商业关系,为将来的公开上市做准备。战略投资者看重的是产品的市场潜力、企业的技术能力以及营销能力。创业企业如果能够吸引战略合作伙伴的加入,就可以利用新资金将新产品大规模推向市场。

4.企业潜力营销阶段

在许多情况下,新产品上市并不能迅速盈利,但产品和企业的市场前景已经相当明朗。这时创业企业可以寻求公开上市,以获得快速扩张所急需的资金,同时也使风险投资家得以顺利退出。公开上市可以打通创业企业从资本市场获取资金的渠道,它是创业阶段的结束,也是规范经营阶段的开始。

➤ 8.3.3 创业初期的企业特征

1.特征

(1)创业初期的首要任务是在市场中生存下来,让消费者认识和接受自己的产品;

(2)创业初期是以生存为首要目标的行动阶段;

(3)创业初期是主要依靠自有资金创造自由现金流的阶段;

(4)创业初期是充分调动"所有的人做所有的事"的群体管理阶段;

(5)创业初期是一种"创业者亲自深入运作细节"的阶段。

2.创业初期的优势和容易出现的问题

(1)优势。

①竞争者较少,投资回报率相对于其他阶段要高出许多,企业销售收入快速增长;

②承担风险的代价不大,勇于冒险,创业者充满探索精神;

③创业者充满对未来的期望,往往能够容忍暂时的失误,这一时期的创业者对未来的期望值大于已有成就;

④内部结构简单,办事效率较高等。

(2)问题。

①资金不足。

a.把短期贷款用于较长时间才能产生效益的投资项目;

b.用折扣刺激现金流的产生,折扣太大以至于不足以弥补变动成本;

c.把股份转让给对"事业"毫无怜悯心的风险资本家。

②制度不完善。

a.企业的行动导向和机会驱动;

b.采取权宜之计,又会使企业养成"坏习惯"。

③因人设岗。

在创业初期阶段,企业会面临很多问题,尤其在人员设岗方面存在正常与不正常现象,具体见表8-1。

表 8 - 1　创业初期正常与非正常现象

正常现象	不正常现象
所承担的义务没有因风险而丧失	风险使承担的义务消失殆尽
现金支出短期大于收入	现金支出长期大于收入
辛勤的工作加强了所承担的义务	所承担的义务丧失
缺乏管理深度	过早授权
缺乏制度	过早制定规章制度和工作程序
缺乏授权	创业者丧失控制权
"独角戏",但愿意听取不同意见	刚愎自用,不听取意见
出差错	不容忍出差错
家庭支持	缺乏家庭支持
外部支持	由于外部干预而使创业者产生疏远感

➢ 8.3.4　创业初期营销策略与管理的特点

1.创业初期营销策略的特点

企业在创业初期营销模式与经营期明显不同,在创业初期首先要认清自己竞争的优势所在。有些中小企业启动是因为已有固定的客户,产品并没有特别优势。这类企业在开发新客户时会遇到困难,如果这些启动客户成长迅速,幸运的话,企业可依靠其完成原始积累。大多数企业是因为具有某项新技术或富有特色的产品而起步,这类企业生存的基础是产品对客户的吸引力。应选择开发满足客户独特需求、客户价值显著、效果立竿见影的产品或服务。这样更了解客户、反应更迅速、客户关系更好、服务更全面周到。创业初期与经营期营销特点对比如表 8 - 2 所示。

表 8 - 2　创业初期与经营期营销特点

对比期间	管理风格	运作方式	关注点	重要性
创业初期	随机性强,无章可循	灵活机动,模式不固定	销售工作,卖出东西	保证企业生存
经营期	有章可循,照章办事	规范、固定、渠道顺畅	营销工作,不仅仅卖东西	保证企业发展

2.创业初期管理的特点

由于创业初始,公司在资金、人才和实力等方面往往都不会具备优势,被大量不确定性事务驱动和疲于应付的状态在所难免,但任何公司的管理工作又的确是件大事,是公司能否持续发展的重要保证。所以说管理好公司就成了创业前期最重要的事情。

首先,要对公司运作和管理有正确的理解和思考方向。规范管理并不意味着公司必须有一大套繁文缛节的规章制度,创业期更是如此。任何管理的目标一定是使公司运作更加有效,而非纸面文章或者形式架构做得如何漂亮,它的衡量标准是成果而非过程。所以,重点的思考方向应该是,公司如何能够盈利,如何能够生存下去,如何能够取得自身独特的竞争优势,等等。另外,规范管理并非一朝一夕能够建立,它需要通过长期磨合才能持续形成。

其次,要建立一套务实的、简单的公司运作管理的基本制度和原则,任何公司的运作和发展都需要一个系统的流程和体制,这套东西可以较简单,也可以很复杂,关键要视公司的具体情况而定。但任何公司在创业期,它的管理体制一定要讲究简单和务实。一般来说,公司运作都离不开资金、人才、技术和市场等要素。公司不能只热衷于技术,要认识到,单靠技术是无法取胜的,还必须有一套基本的管理制度,主要是抓好人和财两个方面,例如制定一本员工手册,规定道德准则、考勤制度、奖惩条例、薪资方案等方面。在财务方面,报销制度、现金流量、制定预算、核算和控制成本等方面是必须首先要考虑的。

最后,企业管理要点和原则在于形成简单务实的基本管理框架,并尽量遵照执行并随着公司发展逐步修改完善,一定不要一开始就贪大求全且事无巨细,主要精力仍然要坚定不移地放在公司的生存方面,只有当某些管理条例随着公司发展显得滞后时,再去讨论完善或修改增补。而且企业在创业初期与经营期管理特点也不尽相同,具体见表8-3。

表8-3 创业初期与经营期管理特点

对比期间	人力政策	操作	关注点	重要性
创业初期	少	探索	保证事情有人做	低,作用不明显
经营期	多	按部就班	保证事情由最合适的人来做	高,对各项工作起到协调作用

参考文献

[1]杨华东.中国青年创业案例精选:第2辑[M].北京:清华大学出版社,2012.

[2]景宏磊,李海婷.创新引领创业:大学生创新创业教程[M].东营:中国石油大学出版社,2016.

[3]刘辉,李强,王秀艳.大学生创新创意教程[M].上海:上海交通大学出版社,2016.

[4]张泰龙.大学生就业与创新创业教程[M].北京:人民邮电出版社,2016.

[5]罗珏.新产品研发投资的最优化安排[J].经济研究导刊,2013(16):30-32.

[6]陈吉胜,孔雷,吴松.大学生创新与创业指导教程[M].北京:首都师范大学出版社,2016.

[7]全国各地BIM相关政策汇总[EB/OL].http://www.zjjycj.cn/article/1735.aspx.

[8]赵昂.BIM技术在计算机辅助建筑设计中的应用初探[D].重庆:重庆大学,2006.

[9]清华大学软件学院BIM课题组.中国建筑信息模型标准框架研究[J].土木建筑工程信息技术,2010(2):1-5.

[10]顾明.构建中国的BIM标准体系[J].中国勘察设计,2012(12):46-47.

[11]何关培.BIM和BIM相关软件[J].土木建筑工程信息技术,2010(4):110-117.

[12]何波.BIM软件与BIM应用环境和方法研究[J].土木建筑工程信息技术,2013(5):1-10.

[13]张爱青.BIM软件在工程造价管理中应用[J].湖南城市学院学报(自然科学版),2016(4):30-31.

[14]郑国勤,邱奎宁.BIM国内外标准综述[J].土木建筑工程信息技术,2012(01):32-34.

[15]王成平.基于BIM技术的创新创业实训平台建构探索[J].新西部,2017(34):116-117.

[16]陈怡,唐碧秋,黎新蓉.基于BIM技术的"专业+创新创业"型人才培养的探讨[J].教育现代化,2017,4(49):36-38.

[17]朱德良,陈恒毅.应用技术型大学土建专业BIM实践教学探索与思考[J].武夷学院学报,2017,36(03):106-109.

[18]谷洪雁,张现林.工程管理类专业智慧教育体系的研究与实践[J].高考,2018(02):72.

[19]黄强.建设中国BIM自主平台,开启创新创业之路[J].工程建设标准化,2017(04):55-64.

[20]王洁,张京.融入BIM技术的高职土建类专业创新创业教学模式研究[J].建材与装饰,2018(17):179.

图书在版编目(CIP)数据

BIM 创新创业/张喆主编. —西安:西安交通
大学出版社,2018.7
ISBN 978 - 7 - 5693 - 0715 - 3

Ⅰ.①B… Ⅱ.①张… Ⅲ.①建筑设计-
计算机辅助设计-应用软件 Ⅳ.①TU201.4

中国版本图书馆 CIP 数据核字(2018)第 142388 号

书　　名	BIM 创新创业	
主　　编	张　喆	
责任编辑	史菲菲	

出版发行 西安交通大学出版社
　　　　　　(西安市兴庆南路 10 号　邮政编码 710049)
网　　址 http://www.xjtupress.com
电　　话 (029)82668357　82667874(发行中心)
　　　　　　(029)82668315(总编办)
传　　真 (029)82668280
印　　刷 陕西日报社

开　　本 787mm×1092mm　1/16　**印张** 8.125　**字数** 196千字
版次印次 2018 年 9 月第 1 版　　2018 年 9 月第 1 次印刷
书　　号 ISBN 978 - 7 - 5693 - 0715 - 3
定　　价 29.80元